导航定位基础

王　威　编著

科学出版社
北　京

内 容 简 介

本书主要针对卫星导航和惯性导航，兼顾天文导航、无线电导航以及其他导航的定位方法(如信息匹配导航)，对所涉及的基础性知识进行综合介绍，具体包括导航定位概述、坐标系统与时间系统、惯性导航基础、导航卫星轨道基础、导航定位数据处理基础、地球重力场与地磁场、地图投影的基本概念等。本书可为导航定位技术相关专业的学生和工程技术人员提供参考，也可以作为导航定位基础课程的教材或参考书。

图书在版编目(CIP)数据

导航定位基础/王威编著. —北京：科学出版社，2015.1
ISBN 978-7-03-043144-8

Ⅰ.①导… Ⅱ.①王… Ⅲ.①卫星导航-全球定位系统 Ⅳ.①TN967.1 ②P228.4

中国版本图书馆 CIP 数据核字（2015）第 017705 号

责任编辑：潘斯斯　张丽花/责任校对：蒋　萍
责任印制：徐晓晨/封面设计：迷底书装

科学出版社 出版
北京东黄城根北街16号
邮政编码：100717
http://www.sciencep.com

北京九州迅驰传媒文化有限公司 印刷
科学出版社发行　各地新华书店经销
*
2015年 1 月第 一 版　开本：720×1000　1/16
2018年 1 月第四次印刷　印张：10 1/2
字数：204 000

定价：69.00 元

（如有印装质量问题，我社负责调换）

前　　言

近几十年来，导航定位技术得到巨大的发展，导航定位系统的应用已经渗透到国防和国民经济的很多领域。军事应用历来是导航定位系统应用的重要方向，导航定位系统已成为各类军用载体和诸多武器系统必不可少的装备。与此同时，导航定位系统的民用领域范围也在日益扩大。为了适应培养从事导航定位技术研究与开发、特别是导航定位技术应用专业人才的需要，国内许多高等院校都开设了与导航定位技术相关的课程，有的还设置了导航工程专业。

在各种导航定位技术的学习过程中，不可避免地涉及大量的专业基础知识，其中一些是各种导航定位技术所共有的，如坐标系统的定义及其转换、误差与数据处理；有一些则是不同导航定位技术所特有的，如惯性导航技术中的物理学基础、卫星导航技术中的轨道动力学基础等。本书编写的主要目的是为学习导航定位技术基础知识的学生和工程技术人员提供参考。

导航定位的技术方法多种多样，涉及数学、物理学、天文学、测绘学等基础科学以及无线电、计算机、自动化等技术。就技术和应用的成熟度而言，在当前以及未来一段时间，卫星导航技术和惯性导航技术无疑占有主导地位。因此，本书主要针对卫星导航和惯性导航，兼顾天文导航、无线电导航以及其他导航定位方法(如信息匹配导航)，通过对分散在不同导航定位方法中的一些基础性知识进行综合，使得对这些基础知识的介绍更加系统和统一。书中涉及不同导航定位方法共有的基础知识、某些属于特定导航定位系统的基础知识以及其他与导航定位相关的一些基础知识等内容，主要包括：导航定位技术的发展和基本原理、坐标系统与时间系统、惯性导航基础、导航卫星轨道基础、导航定位数据处理基础、地球重力场与地磁场以及地图投影的基本概念等内容。

本书可以作为导航定位基础课程教学的教材或教学参考书。通过对主要的导航定位技术所涉及的基础知识进行综合介绍，可以避免相关的基础知识在不同导航定位方法教学中重复出现，有助于为各种导航定位方法教学过程突出重点创造条件，解决导航定位方法教学内容多而学时有限的矛盾。

在本书的编写过程中，参考和引用了许多国内外专家、学者的著作和文献。由于参考和引用之处未能在书中一一注明，所有参考和引用的著作及文献已在书后的参考文献中列出。在此，编者谨向这些著作和文献的作者表示衷心感谢。

由于编者水平有限，书中不当之处在所难免，敬请广大读者批评指正。

编　者

2014年12月

目　　录

第1章　导航定位概述

本章主要介绍导航的概念、导航定位技术的发展历程以及主要导航定位方法的基本原理。

1.1　导航的概念

关于导航(Navigation)的定义，目前还没有严格统一的表述。

《不列颠百科全书——国际中文版》将导航定义为：通过测定位置、航向和距离引导运载工具航行的科学。

IEEE Std 172-1983(*IEEE Standard Definition of Navigation Aid Terms*)将导航定义为：The process of directing a vehicle so as to reach the intended destination(指引载体到达预定目的地的过程)。

《惯性技术词典》表述为：通过测量并输出载体的运动速度和位置，引导载体按要求的速度和轨迹运动。

尽管导航的定义存在不同的表述，但通俗地讲，导航就是要回答“在哪”和“如何去往目的地”这两个问题。因此，导航又可分为定位和导引两个方面，也就是说，导航通常具有以下两种含义：

(1) 确定运动载体相对已知参考系(坐标系)的运动状态(如位置、速度等)，也就是载体的定位问题；

(2) 对运动载体与预定到达位置之间的运动进行规划与保持，即载体的导引问题。

在上述两个问题中，定位问题是基础和前提，其普遍性强，为载体提供实时的位置信息是导航系统的基本任务；而导引问题则与被导航的载体及其运动环境密切相关，是定位结果的具体运用，其特殊性强，针对不同的载体，导引也可称为航路(航迹、路径)规划、领航、制导等。

在室外(Outdoors)或者自然环境中的导航，按照载体运动的范围，可分为海陆空天(海洋、陆地、空中、空间)导航四类；按照所采用的技术，常用的导航方法有：天文导航、惯性导航、陆基无线电导航、卫星导航、特征匹配辅助导航(如地形匹配、地磁匹配、重力匹配)等，以及上述导航方法之间的不同组合(组合导航)。

室内定位/导航(Indoors Positioning/Navigation)作为当今导航技术发展的一个重要分支，它借鉴室外导航的相关技术，同时结合现代通信技术、网络技术、传感器技术以及计算机技术的最新发展，已经成为一个重要的研究热点并在人们日常工作和生活中逐步得到应用。室内导航与自然环境中的导航既有联系又有其自身的特点，其主要差异是来自于应用环境及所采用的技术方法不同。本书所介绍的导航技术的相关基础知识，如无特别说明，均针对自然环境中的导航方法，某些内容可能与室内定位/导航有关，但不对室内定位/导航的相关知识作专门介绍，读者可自行参考相关书籍与文献。

随着现代科学与技术的不断发展，导航的概念也在不断拓展，在一定程度上可以把导航看成是对运动载体相对一个固定参考框架的位置、速度、姿态以及时间的确定，从自动化技术的角度而言，导航技术又可以归结成一个十维的传感器技术。定位与导航在概念上有所不同，定位的目的是确定载体在已知参考系中的位置，一般不包括速度和姿态。但对于某些导航技术，严格地讲它是一个定位系统，但在实际的工作过程中，若定位的数据更新率足够高，则可以根据位置的变化推导出载体的速度，有的甚至可以通过高精度位置测量推导出载体的姿态，因此，导航又可以看成一种广义的动态定位；另外，从大量介绍导航技术的书籍和文献中可以看出一个明显的特点，它们所介绍的导航方法或技术实际上重点都是关于定位的理论方法与技术，即如何确定(获得)载体相对已知参考系的位置。基于以上原因，本书中没有对“导航”和“定位”进行严格区分，多数情况下通称为“导航定位”。

1.2 导航定位技术的发展历程

导航定位的历史与人类自身发展的历史一样久远。人类的导航定位活动源自于其生活和生产的需要。陆地上的导航定位最早发生在人类祖先外出寻找食物或狩猎的过程中，那时，他们通常在沿途设置一些特殊的“标记”来解决回家迷路的问题。随着探索遥远地域的愿望与行动的出现，他们则通过观察和利用自然地标(如山峰、河流、树木、岩石等)以及自然天体(恒星)来解决导航定位问题，这也使得他们能够翻越高山、跨越河流。

人类的航海活动极大地促进了导航定位技术的发展。早期的海上航行，船员们白天主要是利用眼睛观测并保持海岸线始终在其视线之内来完成导航任务，这种方法后来被称为海岸线导航(Coastal Navigation)。如果需要在夜间航行，他们则通过观测和参考天上星体来进行定位。通过测量特定的恒星与地平线的夹角，可以直接得到所在位置的纬度，这就是早期的天文导航。大约在公元前2世纪，人类历史上出现了第一部与航海有关的星历(Ephemeris)以及星盘(Astrolabes)。然而，由于缺乏海图，在海上航行中确定位置过程仍然是一件很复杂事情，甚至人们无法知道其在海上的具体位置。为此，人们绘制出了描述海岸、陆地标志和船舶停靠地的图表供海岸线导航使用。出于同样的原因以及航海安全的考虑，人们还建起了灯塔(其中最著名的是建于公元前3世纪的亚历山大港灯塔)。到15世纪初，海岸线导航已经比较成熟并成为近海航行者使用的导航定位重要手段。但是，对于远洋的航行者而言，由于海岸线不可见和早期的天文定位方法只能提供纬度的限制，人们想要确定远海航行时船舶所在的位置仍然是一件十分困难的事情。

中国人早在战国时期(公元前475～前221年)就利用磁石指南北的特性制作出了“司南”并用于确定南北方位。北宋期间(公元960～1127年)，人们制作出了指南针并广泛应用到航海中，用于船舶航向的指示。人们将指南针与刻度盘结合，制作出罗盘，使得在能见度不好的天气条件下船舶的航行仍然能够保持航向。早期中国人航海所用的是磁针浮于水面的“水罗盘”。12世纪，磁指南针由中国传入欧洲，欧洲人在此基础上进行改进，大约在1300年发展出具有固定支点的磁针并安装在干盒中的“旱罗盘”，成为真正意义上的航海用指南针。船员可通过自身的经验来估计在一段航行中的时间以及船舶的速度，以此得到船舶航行的距离，并根据罗盘给出的方向信息(或者是通过观测天体得到的方位信息)来进行船舶运动的相对定位，当起始位置已知时，就可以得到船舶所在的位置。这种利用测量航行的方位及距离来估计相对位置的方法称为航位推算(Dead Reckoning，DR)。

船舶的海上航行是导航定位最初的、也是最重要应用领域。当船舶在茫茫大海上航行时，由于不像陆地那样有许多的参照物，此时，海图对于正确引导船舶的远海航行便具有重要作用，对于航海中的导航定位，仅有确定的位置而没有相应的海图来表现和引导船舶是不完整的。因此，从11世纪开始，陆续出现了展现海岸线轮廓以及指南针标记的用于航海指向的地图(海图)，但是还没有一种方法能将地球表面展成为平面。16世纪中叶，墨卡托(Gerhard Mercator)发明了以他的名字命名的投影方法——墨卡托投影。这种投影方法是将地球表面投影到一个圆柱面上后再将其展开为平面，墨卡托投影最重要的特点是使得地球表面上方向为常值的一条航线投影后在平面上为一条直线，这一重要进步给航海者提供了一个最简单的绘制航线的办法。

利用早期的天文导航方法(测量天体的高度角)可以确定所在位置的纬度。但是，因为没有可用的技术，在海上确定所在位置的经度仍然是不可能的事情。直到18世纪，这种情况才出现改变。按照地球24h绕自转轴旋转一周(360°)，也就是说每小时旋转15°，人们发现，如果能够确定两地的本地时间差，就可以确定两地的经度差。对于当时的航海而言，为了确定所在位置的经度，研制精确的时钟便成为当时的重要工作，这种精确的时钟称为航海钟(或航海计时器)。1761年，英国人John Harrison制作的航海计时器"H4"经过海上实验测试，81天的时间仅差5s。利用航海计时器，人们通过观测天文现象，并比较所在点观测的时间与参考点观测到同一现象的时间，可以得到两地的经度差。这一方法有效地解决了航海中的经度确定问题。直到20世纪初使用无线电发射时间信号前，欧洲和美国的一些天文台还一直沿用通过精密计时器来确定经度的方法。后来，无线电发射的时间信号以光速传播，极大地提高了时间传递的精度，对定位精度的改进发挥了极为重要的作用。

无线电技术的出现和发展，开创了导航定位技术发展的新时代。除了发射时间信号外，无线电信号的另一方面的重要应用便是作为一个新的地面"标志物"(地标)，它摆脱了天气、季节、能见度和环境等因素的制约，为人们提供了一种导航定位服务的新方法。1912年出现世界上第一个无线电导航设备，它是基于无线电测向技术，即通过所安装的旋转天线和被探测到无线电信号的最大功率来确定"标志物"的方向，因此，它也被称为无线电罗盘。这种基于无线电测向的导航技术的发展，从20世纪初一直延续到第二次世界大战期间，其特点是工作可靠、指示明确、使用方便，测向能力优于定位能力。随着本地振荡器或原子钟的快速发展，陆续发展了一些利用无线电信号进行导航定位的新方法。从第二次世界大战到20世纪60年代，各种无线电导航系统相继出现。这些无线电导航系统通过载体上的接收系统，接收来自位置已知的地面台站发射的无线电信号进行定位。其定位方式主要有两种，一种是测量载体相对已知的地面台站的距离、距离差或信号的相位差进行定位，如LORAN(LOng RAnge Navigation)系统和OMEGA系统，它们都是远距离的定位系统，其中OMEGA系统覆盖全球，其二维定位精度约为2～4km；另一种是通过测量载体相对已知地面台站的方位角来进行定位，一般用于对飞机的近程导航，如VOR(VHF Omnidirection Radio Range)系统或TACAN(Tactical Air Navigation)系统等，其中VOR系统只能给飞机指示方位(为了定位，可通过三个VOR台站的方向测量值采用三角形方法定位)，使用VOR系统的更一般定位方法是与距离测量设备DME(Distance Measuring Equipment)联合使用，其测距范围可达200海里，定位精度约为测量距离的0.25%。TACAN系统则可同时为飞机提供相对已知地面台站的方位和距离信息。VOR和TACAN均采用方位加距离的极坐标方式定位。

17世纪的力学三大定律和万有引力定律是惯性导航所基于的重要原理。然而，惯性传感器被开发以及用于惯性导航技术却经历了约两个世纪。1852年法国人傅科(Foucault)发明了傅科摆并通过它发现了陀螺效应，用以测量地球自转，他是第一个使用"陀螺"一词的人。20世纪初出现了提供指向参考的陀螺罗经。德国人舒拉(Schuler)在1910年提出了舒拉调谐原理，并在1923年发表了名为“运载工具的加速度对摆和陀螺的干扰”的论文，为惯性导航系统的设计奠定了理论基础。第二次世界大战期间，德国科学家在V2火箭上展示了惯性制导原理，这一时期世界上还出现了许多新型的惯性传感器以及对它们精度改进的成果。20世纪50年代随着面向船载和机载应用的惯性导航系统的发展，涉及惯性技术的发明与研发步伐加快，陀螺的精度得到稳步提高，更加精确的传感器被研制出来，陀螺的误差由约15°/h减小至0.01°/h。1952年美国麻省理工学院的研究者研制出了第一套液浮陀螺惯性导航系统并完成了飞行试验。随着使用全惯性导航系统的飞机首次穿越美国，稳定平台惯性导航系统更多地被制造出来。也是在50年代，人们将力反馈原理应用到加速计中的检测质量来制造精确的加速度敏感器。在60～70年代，惯性导航系统成为军用飞机、舰船和潜艇的标准装备，它们使用的都是稳定平台技术，即所谓的平台式惯性导航系统。这一时期的惯性技术发展集中体现在传感器精度的提高、装置的小型化和环形激光陀螺的开发，而这一时期惯性系统技术的应用主要是弹道导弹计划和空间探索。80年代以来，随着微计算机的发展与应用、激光陀螺和光纤陀螺等新型陀螺的出现以及加工制造技术的进步，使得捷联式惯性导航技术的应用日益广泛，惯性导航系统的发展逐步从稳定平台式向捷联式转变，尽管惯性导航的捷联原理是在1949年的公开发表物上首次提出的。基于MEMS的陀螺和加速度计的惯性组合应用正在成为惯性技术的一个重要发展方向。惯性导航系统的应用范围，覆盖了车辆、舰船、飞机、战术和战略导弹、空间飞行器以及机器人等更新的一些领域。

1957年第一颗人造地球卫星的成功发射也开始了卫星导航定位的发展历程。20世纪60年代发展的铷原子频标和随后发展的铯原子频标、氢原子频标以及它们的小型化技术、可供低电平接收和测距的伪随机码通信理论与实践、电子计算机的高速发展，为卫星导航定位系统的发展奠定了理论和技术基础。1958年美国开始研制第一个卫星导航系统——海军卫星导航系统(Navy Navigation Satellite System，NNSS)或称为子午仪系统(Transit 系统)。1964年该系统投入军用，1967年解密后供民用。子午仪系统是一种以卫星为“标志物”(或称导航台站)进行距离差测量的无线电导航定位系统。这种距离差测量是依靠接收卫星发射的连续信号的多普勒频移得到的，因此也常称为卫星多普勒导航定位。子午仪系统由空间部分(卫星)、地面监控部分和用户部分组成，该系统的导航定位精度为40～100m。子午仪系统以卫星作为定位基准，是对传统无线电导航以地面台站为基准的一种改变，在技术上有较大突破，在导航定位精度上也有较大幅度的提高，可以说是导航定位技术的一种阶段性跨越。作为第一代卫星导航定位系统，子午仪系统也存在一些不足，例如，由于采用低轨道卫星且卫星数目少所造成的覆盖区域限制，难以做到连续导航定位；通过测量卫星信号的多普勒频移所进行的一次定位时间约需10min，这在一定程度上限制了动态用户的使用。

在子午仪系统投入使用后不久，美国就已着手进行新一代卫星导航系统的研究工作。1973 年全球定位系统(Global Positioning System，GPS)的研制工作正式开始。1978 年发射了第一颗 GPS 卫星，1995 年该系统投入使用。与子午仪系统相似，GPS 也是由空间(卫星)、地面监控和用户机三部分组成；与子午仪系统完全不同的是，GPS 采用高轨、多星、测时/测距体制。GPS 是一个可用于海洋、陆地和近地空间的三维定位系统；它能瞬时完成距离测量并解算出瞬时位置，可用于动态甚至高动态用户；它在时域和空域都是连续的。GPS 作为第二代卫星导航定位系统，全面弥补了第一代卫星导航定位系统的不足，成为现代导航定位的主流技术。为了摆脱美国的控制，世界其他国家和地区也各自建设自己的卫星导航定位系统，如前苏联建设的 GLONASS(GLObal Navigation Satellite System)，欧洲正在发展的 Galileo 系统。中国已经建成第一代卫星导航定位系统(北斗一号)，现正在建设第二代卫星导航系统(北斗二号)，建成后的北斗二号卫星导航定位系统将是一个与 GPS 一样全球定位系统。不同卫星导航定位系统的发展，将给人们的使用带来更多的便利，多系统兼容和互操作已经成为现代卫星导航定位领域研究的一个重要方向，不同的卫星导航定位系统将组成一个更大的系统，拥有更为一般的名字：全球导航卫星系统(Global Navigation Satellite Systems，GNSS)。

随着计算机技术的发展，20 世纪 60 年代以来陆续出现了多种利用地球的表面特征(如地形、地貌、地物)信息或地球的物理特征(如地球重力场、地磁场)信息进行导航的方法，称为地球特征匹配导航。它是通过将载体携带的测量设备所采集相关数据与预先存储在载体计算机中的地球特征基准数据进行比较来确定载体的位置。为了确定所采集特征数据的大概位置，多数特征匹配导航需要惯性导航系统或其他位置传感器提供相对位置信息。因此，这些特征匹配导航不是一种独立的导航定位技术，它通常作为组合导航的子系统，为惯性导航系统提供修正信息，故特征匹配导航又被称为特征匹配辅助导航。典型的地形匹配辅助导航系统有地形等高线匹配(TERrain Contour Matching，TERCOM)系统、桑迪亚惯性地形辅助导航(Sandia Inertial Terrain Aided Navigation，SITAN)系统、地形参考导航(Terrain Aided Navigation，TRN)等。20 世纪 90 年代初，利用重力场匹配技术改善惯性导航系统性能的新概念被提出。美国贝尔实验室研发了重力梯度仪导航系统(Gravity Gradiometer Navigation System，GGNS)和重力辅助惯性导航系统(Gravity Aided Inertial Navigation System，GAINS)。GGNS 通过将重力梯度仪测出的重力梯度与重力梯度图进行匹配后得到定位信息，对惯性导航系统进行校准。GAINS 系统利用重力敏感器系统、静电陀螺导航仪(ESGN)、重力图和深度探测仪，通过与重力图匹配提供位置坐标，以无源方式减少和限定惯性误差。地磁场是地球的固有资源，为航空、航天、航海提供了天然的坐标系，可应用于航天器或舰船的定位定向及姿态控制。利用地球磁场空间分布的地磁导航技术简便高效、性能可靠，已经成为世界上发达国家研究和使用的基本导航定位手段。当前，美国、英国联合研制了世界地磁模型，其主要目的在于实现空间和海洋磁自主导航，为英国、美国国防部和北大西洋公约组织(NATO)的导航和定姿/定向参考系统提供标准模型。

1.3　主要导航定位方法的基本原理

导航定位技术多种多样，但是大多数均基于以下两种基本方法：直接位置确定和航位推算。直接位置确定是通过对位置已知的参考点进行方向、距离测量或者是将当前位置的特征与已知信息进行比较(特征匹配)，直接计算出当前点在特定坐标系中的位置。航位推算则是通过测量载体的运动距离和方向，计算得到载体位置的变化量(相对位置)，并通过与初始位置相加而确定当前点在特定坐标系中的位置。航位推算中的距离测量可以通过直接测量得到，也可以是通过测量速度或加速度经积分计算得到。从导航定位技术的发展历史中可以看出，天文导航、无线电导航、卫星导航以及正在发展的一些特征匹配导航均属于直接位置确定，而惯性导航则是典型的航位推算。以下是几种主要的导航定位方法的基本原理。

1.3.1　天文导航

天文导航是通过使用测量仪器对自然天体的方位、高度等进行观测，经计算得到当前位置的过程。天文导航起源于航海，在现代导航技术出现之前，天文导航一直是舰船远洋航海中唯一的导航技术。尽管天文导航受到地面及空中大气环境以及现代导航技术广泛应用的影响，但是天文导航由于其具有自主、误差不随时间积累和精度较高的特点，仍然是今天远洋航行以及航天器自主导航中的一种重要导航辅助手段。

1. 利用天体的上中天和高度确定当前位置的经度和纬度

为了表示某一点在地球上的位置，需要定义一个参考系(坐标系)。若把地球形状近似看成一个圆球，则可以用地心纬度(ϕ)和地心经度(λ)来表示所在点的当前位置，如图 1.1 所示。

将赤道作为起算面，它到南北两极均为 90°。所在点 P 的纬度定义为该点到地心的连线与赤道面的夹角。对于北半球的观测者，由于北极星与北极的方位非常接近，所以可以利用测定北极星的高度 ϕ 来确定所在位置的纬度，如图 1.2(a)所示。

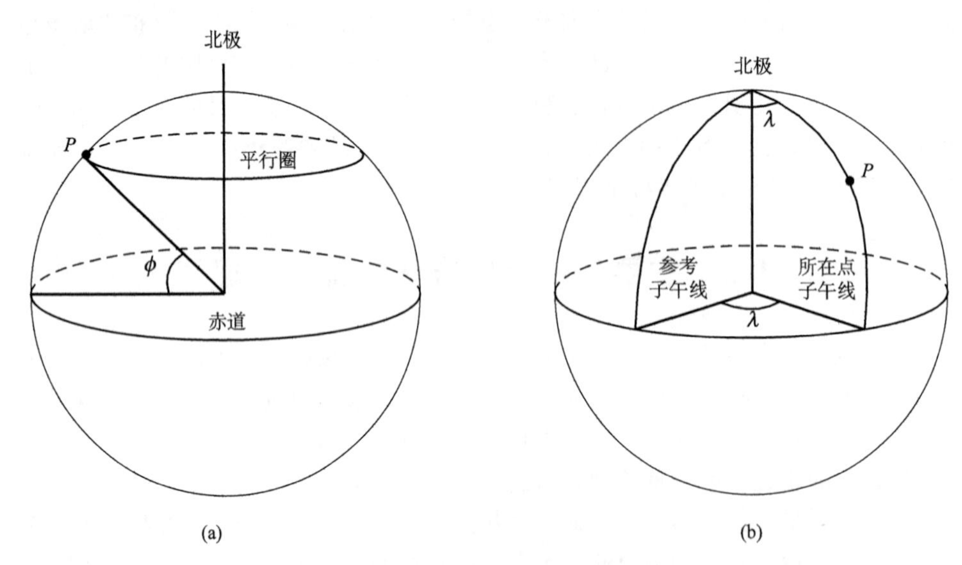

图 1.1　地心纬度(ϕ)与地心经度(λ)

包含地心、地球自转轴和地面点地心垂线的平面称为子午面，子午面与地球的交线称为子午线。所在点 P 的经度定义为过该点的子午面与参考子午面的夹角。地球每天自转 360°，或者说每小时自转 15°，因此，可以利用天体(如太阳、恒星)过观测者子午线的时刻(上中天)来计算所在点 P 的经度，如图 1.2(b)所示。

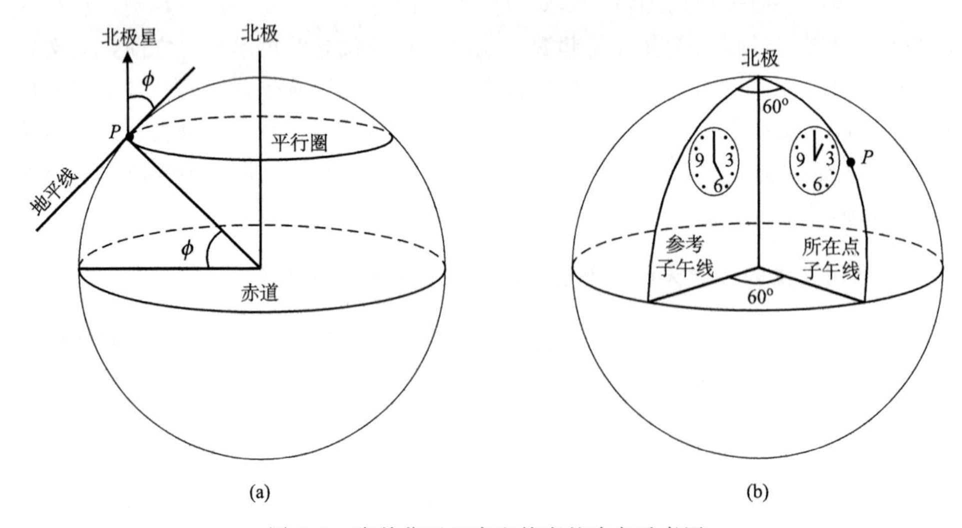

图 1.2　当前位置经度和纬度的确定示意图

2. 利用位置圆的天文定位

通过在同一时刻观测不同的天体或不同时刻观测同一天体，以各天体投影点为圆心，各观测天体的高度为半径画出天文位置圆，并求其交点来确定舰船的位置。

天体到地心的连线与地球表面的交点称为天体的投影点，如图 1.3(a)中的点 CP 所示。一个天体的高度 ϕ 或天顶距 z 取决于所在位置 P 和天体投影点 CP 间的距离。给定一个天体的高度或天顶距，在地球上会有很多位置点 P 到该天体投影点 CP 的距离相等，这些点在地球上形成一个圆心位于天体投影点 CP，半径为位置点 P 和天体投影点 CP 间距离的圆周，该圆周称为等高圆。当一个观测者沿等高圆移动时，其观测到该天体的高度或天顶距保持不变，天体的方位在 0°～360°变化，取决于观测者在等高圆上的位置，因此等高圆也称为位置圆。

航海中的天文定位基本原理如图 1.3(b)所示，观测者同时观测到 A 和 B 两个天体，它们的天顶距分别为 z_A 和 z_B。通过天文年历可以知道 A 和 B 在地球上的投影点 $CP1$ 和 $CP2$ 的位置。分别以投影点 $CP1$ 和 $CP2$ 为极点，以 z_A 和 z_B 为半径，可在地球表面作出两个位置圆并相交于 $P1$ 和 $P2$，利用所在位置的其他附加信息可以判断出 $P1$ 和 $P2$ 两点中哪个是真实的位置点，通过计算就可以求得所在位置的经度和纬度。

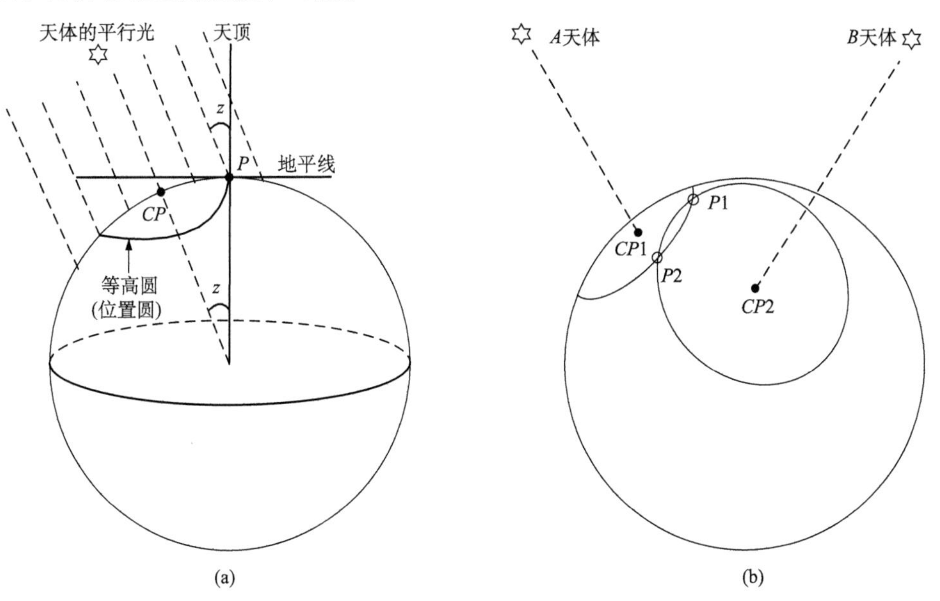

图 1.3　航海中天文定位基本原理示意图

人类航天事业的发展促进了天文导航在航天领域的应用，使天文导航成为许多航天器必不可少的关键技术和重要的辅助导航手段，至今已有多种天文导航系统在卫星、飞船、空间站上得到应用。随着人类新一轮的月球和火星探测等深空探测活动的开展，天文导航必然发挥重要作用。空间飞行器的天文导航主要是利用天体敏感器(如星敏感器、太阳敏感器、地球敏感器等)测定天体的方位信息或地球的地平信息来确定空间飞行器的位置或姿态。有关航天器天文导航基本原理的进一步介绍，读者可参阅相关书籍或文献。

1.3.2　无线电导航定位

无线电导航在第二次世界大战及以后的时间得到快速发展，陆续出现多种无线电导航系统，其中既包括甚高频全向无线电测距(VOR)、战术航空导航(TACAN)，仪表着陆系统(ILS)和微波着陆系统(MLS)等地基、短距离、无线电导航系统，又包括 LORAN 和 OMEGA 这样的长距离、全球无线电导航系统。在此我们把关注点集中在 LORAN 和 OMEGA 系统上。如 1.2 节所述，LORAN 和 OMEGA系统均属于双曲线无线电导航系统，它们一般满足水平或二维(2-D)的位置估计。这种系统的定位原理是基于用户接收并测量来自多个发射台的无线电信号到达的时间差。这些发射台同步发射无线电信号，带有时钟的用户接收机测量这些信号达到的时间差，用户接收机无需与发射台之间时间同步。这种基于无线电导航信号“到达时间差”(Time-Difference-of-Arrival，TDOA)的系统也称为 TDOA 系统。其二维定位的基本原理如下。

由数学中二次曲线的基本原理可知，到一对固定位置的距离差相等的点的集合构成一条双曲线。如图 1.4 所示，观测者通过“到达时间差”的方法测量出其到一对位置已知的发射台的距离差，那么，观测者一定位于一条双曲线上，称该双曲线为位置线(Line of Position，LOP)。利用同样的方法，观测者可以测量出其到另一对位置已知的发射台的距离差，观测者同样位于另一条双曲线上，将其作为第二条位置线。于是，可以确定观测者必定位于两条双曲线的交点上。我们最少需要三个发射站组成两对已知点。由于两条位置线可能出现多个交点，即出现位置模糊度问题，可以通过基于位置的先验信息(如用户大概的位置)或附加的手段来解决这个模糊度问题。这种二维无线电定位也称为双曲线定位。

发射台 A、B、C 组成发射台对(A，B)和(A，C)，图 1.4 分别给出了相对(A，B)和(A，C)的两簇分别代表不同的距离差值的双曲线位置线 H_i^{AB} 和 H_i^{AC}，其中 H_i^{AB} 表示的双曲线为观测者距离发射台 A 比距离发射台 B 远 i 个距离单位的位置线。由图可以看出，位于 $P1$ 点的观测者会发现，很难排除 $P2$ 点，可能需要另外位置的先验信息或附加手段；而位于 $P3$ 点的观测者在处理这个模糊度问题时则会显得容易一些。

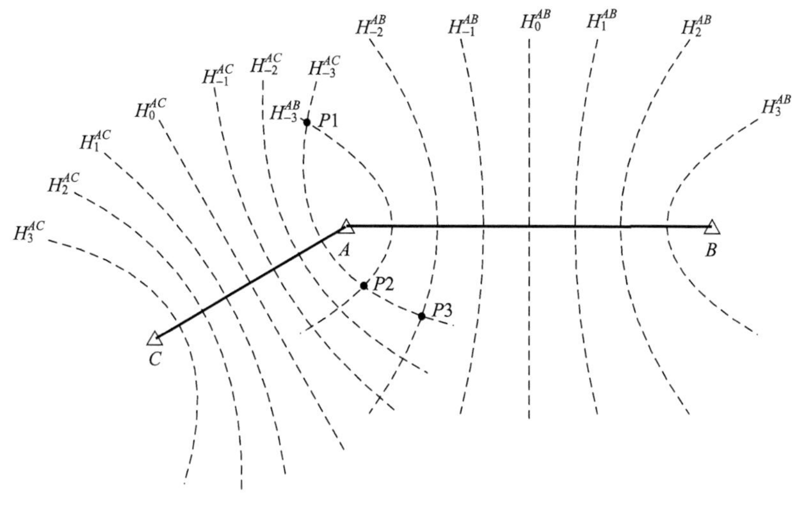

图 1.4　双曲线无线电定位示意图

以(x, y)表示观测者的坐标，三个发射台 A、B、C 的已知坐标分别为(x_k, y_k)，$k=1, 2, 3$。如图 1.4 所示，设 d_{BA} 表示观测者测量得到的到发射台 B 和到发射台 A 的距离差，d_{CA} 表示观测者测量得到的到发射台 C 和到发射台 A 的距离差。观测者位置(x, y)可以通过求解以下方程组得到。

$$\begin{cases}\sqrt{(x_B-x)^2+(y_B-y)^2}-\sqrt{(x_A-x)^2+(y_A-y)^2}=d_{BA}\\\sqrt{(x_C-x)^2+(y_C-y)^2}-\sqrt{(x_A-x)^2+(y_A-y)^2}=d_{CA}\end{cases} \tag{1.1}$$

1.3.3　卫星导航定位

卫星导航定位系统本质上是一个以人造卫星为发射台的天基无线电导航定位系统。第一代卫星导航系统以美国的子午仪(Transit)系统为代表，它是通过接收机接收导航卫星发播连续信号的多普勒频移，获得接收机至卫星的距离差以及载波信号调制的导航电文中的卫星位置信息，计算得到接收机的位置。第二代卫星导航系统以美国的 GPS 为典型代表，还有俄罗斯的 GLONASS、中国的北斗卫星导航系统以及欧洲联盟正在建设的 Galileo 系统等。它是通过接收机同时接收至少四颗导航卫星发播的无线电导航信号，获得接收机至卫星的距离以及载波信号调制的导航电文中的各卫星位置信息，计算得到接收机位置。随着第二代卫星导航系统的出现，第一代卫星导航系统已经退出历史舞台，因此，我们把关注点集中在第二代卫星导航系统。

通过测量无线电信号从发射台到接收机的传播时间，可以确定接收机到发射台的距离。如图 1.5 所示，通过接收机同时测量三个位置已知的发射台的无线电信号到达的时间，能够得到的三个距离信息，可以计算出接收机的三维(3-D)位置。这种基于无线电信号“到达时间”(Time-of-Arrival，TOA)的无线电导航系统称为TOA系统。在TOA系统中，为了测量无线电信号的到达时间，接收机与发射台以及各发射台之间的时钟必须保持同步。第二代卫星导航系统也是TOA系统。

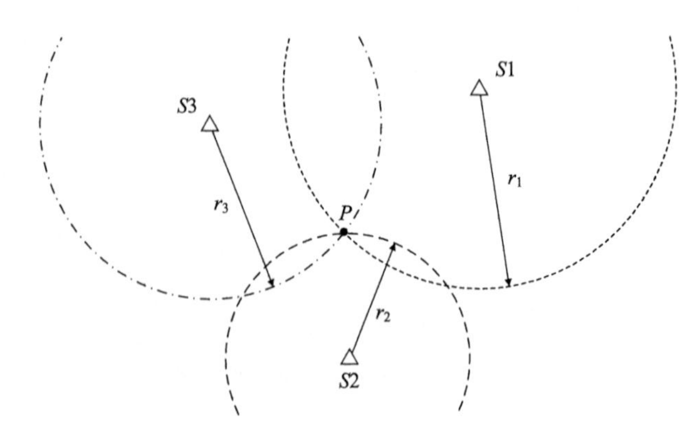

图 1.5 TOA 无线电导航系统定位原理示意图

为了测量导航信号从卫星到接收机的真实传播时延，接收机必须与卫星以及各卫星之间的时钟保持同步。若接收机未与卫星保持时间同步，接收机时钟偏差对测量的所见卫星导航信号传播时延的影响是相同的，它将在相应的距离值上叠加一个常值偏差，使测量距离要么全部偏长，要么全部偏短，因此称这种距离测量值为伪距(Pseudoranges)。除了接收机位置的三维坐标外，接收机的时钟偏差(简称钟差)成为第四个未知数。因此，需要至少四颗可见的导航卫星来估计四维的位置：空间三维位置和时间。

如图1.6所示，通过观测视线范围的四颗以上的导航卫星($k\geqslant4$)，求解以下方程组便可以得到接收机的位置及钟差(x，y，z，b)，其中 c 为光速。

$$\begin{cases}\rho^{(1)}=\sqrt{(x^{(1)}-x)^2+(y^{(1)}-y)^2+(z^{(1)}-z)^2}-b\cdot c\\ \rho^{(2)}=\sqrt{(x^{(2)}-x)^2+(y^{(2)}-y)^2+(z^{(2)}-z)^2}-b\cdot c\\ \quad\vdots\\ \rho^{(k)}=\sqrt{(x^{(k)}-x)^2+(y^{(k)}-y)^2+(z^{(k)}-z)^2}-b\cdot c\end{cases}\tag{1.2}$$

1.3.4 惯性导航

惯性导航是通过采用惯性仪表或装置(陀螺和加速度计)，实时测量载体运动相对某一空间基准的三维空间导航坐标系中的加速度，经计算得到载体的实时速

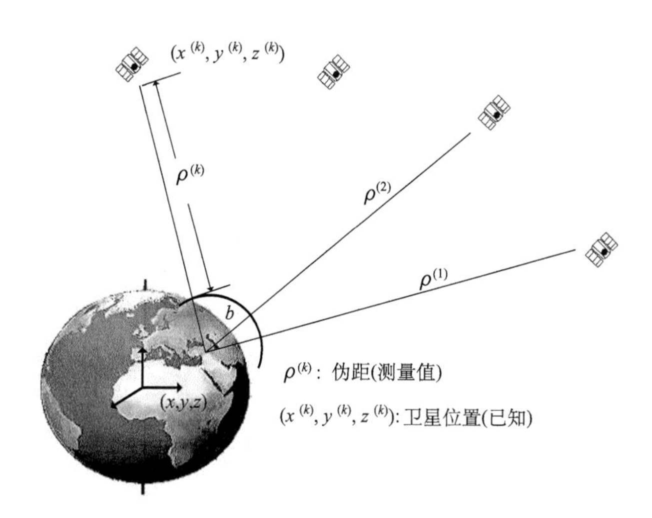

图 1.6　卫星导航定位基本原理示意图

度、位置以及姿态信息。为了保证加速度计的输出是导航坐标系中的矢量，根据构建导航坐标系方法和途径的不同，可将惯性导航系统分为两种类型：一种是采用物理平台模拟导航坐标系的系统，称为平台式惯性导航系统；另一种是采用数学算法确定导航坐标系的系统，称为捷联式惯性导航系统。

平台式惯性导航系统采用陀螺稳定平台来始终跟踪所需要的导航坐标系，以解决安装在稳定平台上的加速度计输出信号的基准问题。例如，当选择当地水平坐标系为导航坐标系时，通过陀螺的作用使平台始终跟踪当地水平面，三个直角坐标轴始终指向东、北、天方向，沿这三个坐标轴安装的加速度计分别测量出载体沿东西、南北和垂直方向的运动加速度。将这三个方向上的加速度分量分别积分，便可以得到载体沿这三个方向的速度分量，即

$$\begin{cases} v_E(t_k) = v_E(t_0) + \int_{t_0}^{t_k} a_E(t)\mathrm{d}t \\ v_N(t_k) = v_N(t_0) + \int_{t_0}^{t_k} a_N(t)\mathrm{d}t \\ v_U(t_k) = v_U(t_0) + \int_{t_0}^{t_k} a_U(t)\mathrm{d}t \end{cases} \tag{1.3}$$

其中，$a_E(t)$、$a_N(t)$、$a_U(t)$分别为载体沿东、北和垂直方向的运动加速度；$v_E(t_0)$、$v_N(t_0)$、$v_U(t_0)$分别为初始时刻 t_0 载体沿东、北和垂直方向的运动速度。

将这三个方向上的速度分量再分别积分，便得到载体沿这三个方向的位置分量。通常，载体在地球上的位置用经度 L、纬度 B 和高程 H 表示，它们的时间变化率可由载体沿东、北和垂直方向的运动速度 $v_E(t)$、$v_N(t)$、$v_U(t)$计算得

到，即

$$\begin{cases}\dot{L}(t)=\dfrac{v_E(t)}{(N+h)\cos\varphi}\\ \dot{B}(t)=\dfrac{v_N(t)}{M+h}\\ \dot{H}(t)=v_U(t)\end{cases} \tag{1.4}$$

其中，M、N 分别为地球参考椭球的子午圈曲率半径和卯酉圈曲率半径。当将地球近似看成一个半径为 R 的圆球时，则有 $M=N=R$。

通过对式(1.4)进行积分，结合载体的初始位置 $L(t_0)$、$B(t_0)$和 $H(t_0)$，便可得到载体的瞬时位置，即

$$\begin{cases}L(t_k)=L(t_0)+\displaystyle\int_{t_0}^{t_k}\frac{v_E(t)}{(N+h)\cos\varphi}\mathrm{d}t\\ B(t_k)=B(t_0)+\displaystyle\int_{t_0}^{t_k}\frac{v_N(t)}{M+h}\mathrm{d}t\\ H(t_k)=H(t_0)+\displaystyle\int_{t_0}^{t_k}v_U(t)\mathrm{d}t\end{cases} \tag{1.5}$$

由于需要事先知道并输入载体的初始位置，因此，惯性导航属航位推算的定位方法。

在惯性导航系统中，陀螺提供载体的姿态改变量或它相对惯性空间的转动速率。但是，加速度计却不能够将载体的总加速度即相对惯性空间的加速度与地球引力场引起的加速度分离。这些传感器实际上提供的测量值是相对惯性空间的加速度与引力场吸引产生的加速度的代数和，简称比力(Specific Force)。所以，对于惯性导航系统而言，需要联合有关载体转动测量值、比力和引力场的知识来计算相对于事先定义的参考坐标系中姿态、速度和位置的估计值，以实现其导航功能。这种惯性导航系统的基本原理可以用图 1.7 描述。

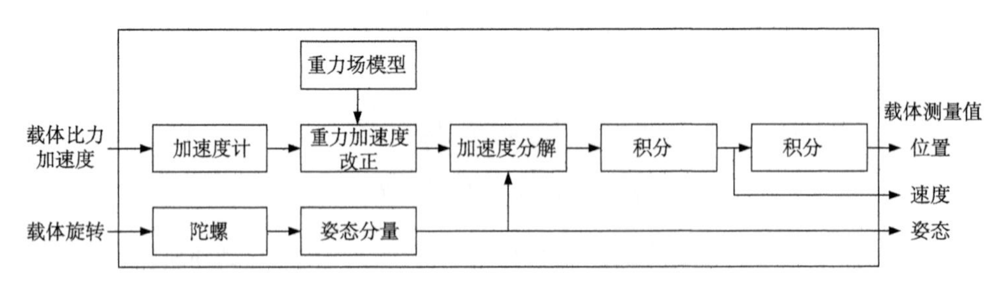

图 1.7　惯性导航系统的基本原理示意图

捷联式惯性导航系统是将陀螺和加速度计直接安装在运动载体上，陀螺输出的角速度信息被用来解算运动载体相对导航坐标系的姿态变换矩阵，由姿态变换

矩阵将加速度计的输出变换至导航坐标系，相当于用计算机建立一个数学平台来代替平台式惯性导航系统中的稳定平台实体，以解决加速度计输出信号的基准问题。

1.3.5　组合导航

组合导航是将两种或两种以上不同的导航定位方法的导航定位信息进行组合处理，得到一种综合导航信息的导航方式。组合导航利用了不同导航定位方法的优点，实现取长补短，可得到更为理想的导航精度和性能，因此得到了广泛的应用。可以说，在对导航定位性能要求较高的各种应用中，一般采用组合导航的方式。鉴于惯性导航所具有的自主性、隐蔽性、导航参数全面、不易受外界干扰和地域气象条件限制、短时间内导航精度较高等优点，因而通常以惯性导航系统作为组合导航系统的关键子系统，将它与其他导航方式进行组合。这种组合还可以有效弥补惯性导航位置误差随时间的增长而增长的不足。目前，典型的且常用的组合导航方式是卫星/惯性组合导航。组合导航的基本原理如图 1.8 所示。

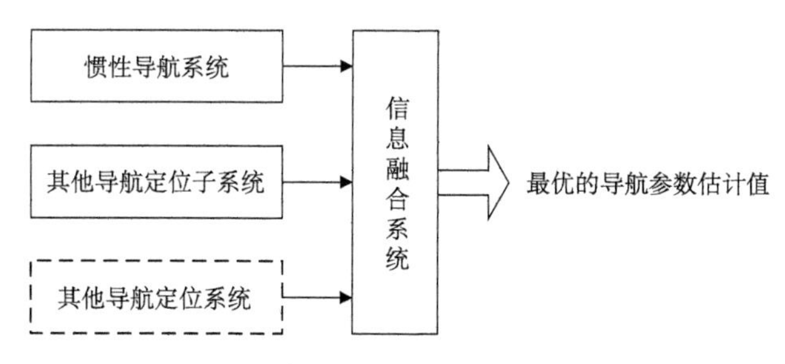

图 1.8　组合导航系统的基本原理示意图

1.4　本书的内容组织

本书的内容主要来源于以下几个方面：

(1) 不同导航定位方法涉及的共同基础知识，如坐标系统与时间系统、导航定位的数据处理方法、地球重力场基本概念等；

(2) 某种导航定位方法所涉及但可以独立出来不影响其完整性，且有利于节省学习或讲授时间的基础知识，如惯性导航的物理基础、导航卫星轨道基础等；

(3) 在学习导航定位方法过程中可能遇到的一些基础性知识，如数据处理的基本方法、地球重力场与地磁场的基本概念、地图投影基本概念等。

全书由 7 章组成。第 1 章导航定位概述，介绍导航定位的基本概念、导航定位技术的发展历程、主要导航定位方法的基本原理。第 2 章坐标系统与时间系统，全面系统地介绍导航定位中涉及的重要坐标系的定义及转换问题、导航定位中的时间系统问题。第3章惯性导航基础，介绍惯性导航涉及的主要物理学基础知识。第4章导航卫星轨道基础，重点介绍导航卫星轨道的基本概念及其摄动影响。第5章导航定位数据处理基础，介绍基本的测量误差理论、常用的两种数据处理方法——最小二乘法和卡尔曼滤波。第6章地球重力场与地球磁场，简要介绍地球重力场与地球磁场的一些基本概念。第7章地图投影的基本概念，简要介绍地图投影的基本知识以及常见的投影方法——墨卡托投影、高斯投影和兰勃特投影。

第2章　坐标系统与时间系统

描述载体的导航定位过程，其空间位置和运动状态是与相应的参照系相对应的。因此，为了确定载体在空间的位置、速度等导航定位参数，必须首先定义(选取)空间坐标系。坐标系的选取可根据载体的运动特点、导航定位的需求及其所采用的导航定位技术进行。常用导航定位技术涉及的坐标系主要包括地球坐标系(地固坐标系)、天球坐标系(惯性坐标系)、地理坐标系、载体坐标系等，坐标形式包括直角坐标、球坐标等。

时间也是物质世界的基本属性，是物质存在的基本形式之一。载体的运动及其导航定位与时间密切相关，时间系统更是卫星导航定位系统的重要基准。将时间与坐标系相结合，可以准确地描述载体的运动状态及其变化规律，反映载体运动的顺序性与持续性。

本章介绍常用导航定位技术中所涉及的坐标系统和时间系统。

2.1　地球坐标系

地球坐标系是与地球固连在一起并随地球一起运动的坐标系，故又称为地固坐标系。如果忽略地球的潮汐和板块运动等因素的影响，那么地面点的地球坐标值是固定不变的。从所采用的表现形式来看，地球坐标系可分为大地坐标系和空间直角坐标系两种形式。地面点的大地坐标用经度、纬度、大地高表示，记为(L、B、H)或(λ、φ、H)；地面点的空间直角坐标一般记为(X、Y、Z)或(x、y、z)。地球坐标系常用于描述位于地球表面及附近(包括水下)的载体导航定位参数。

2.1.1　地球形状与参考椭球

1. 地球形状

整体而言，地球不是一个标准的球体，而是一个不规则的椭球体，它两极稍扁、赤道部分稍向外凸起。地球自然表面高低起伏，有高山、丘陵、平原、深谷，还有江湖和海洋，如图2.1所示。最高的山峰是位于我国与尼泊尔交界处的珠穆朗玛峰，海拔高约为8848m；最深的海洋则是位于太平洋西部的马里亚纳海沟，深约 11022m。二者的高度差约为 20000m。全球海洋面积占地球面积的 71%，平均深度约为 3800m；全球陆地面积的平均海拔约为 840m。地球的这种不规则的真实形状无法用数学模型来描述，更无法作为基准来表示地球上或地球表面附近的载体导航定位所需要的即时位置等参数。我们需要选择既与地球形体极为接近，又能用简单数学公式表示，还能够确定与实际地球相关位置的表面作为基准面。

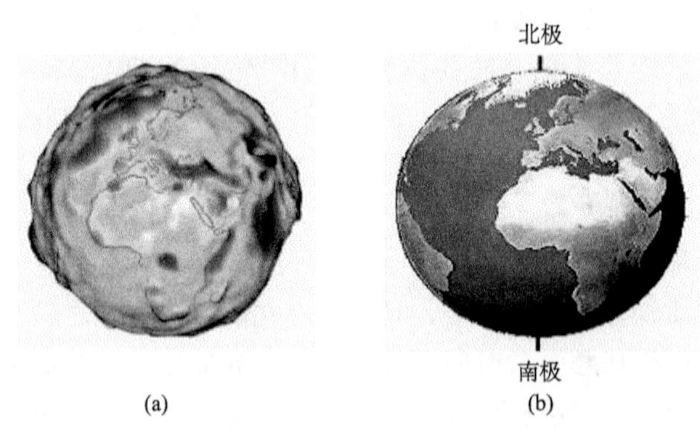

图 2.1 地球形状示意图

2. 水准面与大地水准面

地球上和地球表面附近的任意一个质点同时受到地球的引力和由于地球自转所产生的离心力的作用，而重力则是地球引力和离心力的合力，如图 2.2 所示。某一点的铅垂线方向就是该点的重力方向。

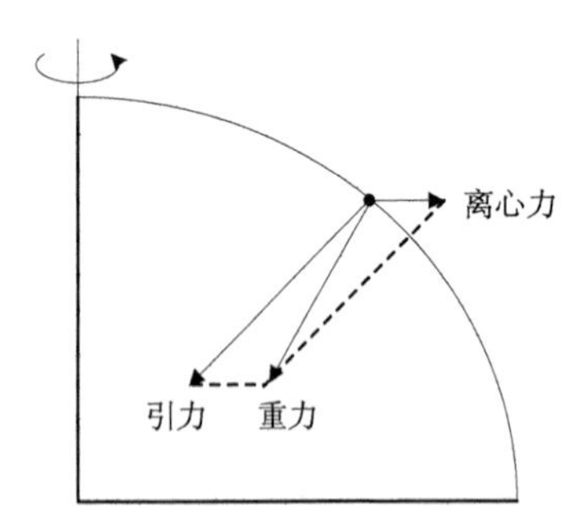

图 2.2 引力、离心力和重力示意图

当液体处于静止状态时，其表面的每一处均与重力方向正交，否则液体就会流动。液体处于静止时的表面称为水准面，因此，水准面是处处与铅垂线正交的曲面。由地球重力场的基本知识(参见第 6 章)可知，同一水准面上各点的重力位(也称重力势)相等，故水准面又是重力的等位面(也称等势面)。由于不同高度的重力位不相等，因此，不同的重力位对应不同的水准面，也就是说通过不同高度的点都存在一个水准面。

海洋面积占地球总面积的 71%，故设想用与海洋处于静止平衡状态时(无海浪、潮汐、洋流和大气压变化等引起的扰动影响)的海水面相重合并延伸到陆地内部处处保持与铅垂线相垂直的水准面来表示地球形状是最理想的，这个水准面称为大地水准面。这是一个没有皱褶和棱角的连续封闭曲面，由它所包围的形体称为大地体，可以将大地体近似看成地球的形状，如图 2.3 所示。

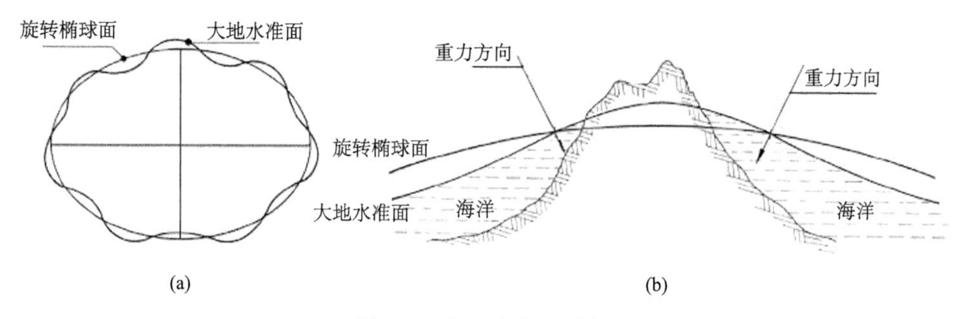

图 2.3　大地水准面示意图

由于地球内部物质密度分布的不均匀和地球自然表面的起伏不平，导致地球重力场(物理性质)和大地水准面形状(几何性质)都是不规则的。因此，大地水准面也是一个存在不规则起伏、不能用简单的几何形状及数学公式来描述的曲面，如图 2.3 所示。

3. 参考椭球与总地球椭球

为了建立统一的地球坐标系，需要寻找一个形状和大小与大地体非常接近的数学体来代替大地体，以其表面作为建立地球坐标系的基础。

虽然大地体表面存在不规则的起伏，但是这种起伏从地球的全局来看并不很大。所以，从整体上看，大地体相当接近于一个绕短轴旋转、具有微小扁率的旋转椭球体，如图 2.3 所示。

由椭圆绕其短轴旋转而形成的旋转椭球体是一个规则的数学体，表示旋转椭球的参数有椭球的长半轴 a 和短半轴 b、椭圆的扁率 f 和偏心率 e，它们之间的关系为

$$f=\frac{a-b}{a} \tag{2.1}$$

$$e=\sqrt{\frac{a^2-b^2}{a^2}} \tag{2.2}$$

扁率 f 和偏心率 e 存在以下关系

$$\begin{cases}e^2=2f-f^2\\1-e^2=(1-f)^2\end{cases} \tag{2.3}$$

可以看出，用两个参数(其中至少有一个是表示长度的参数)便可以确定旋转椭球，通常取长半轴 a 和扁率 f。17 世纪以来，根据不同地区、不同年代的各

种测量资料，按照不同的处理方法，推算出不同的椭球参数。每个国家为了建立自己的坐标系统，都要选择某一个旋转椭球来代表地球的形状与大小，称为地球椭球。表 2.1 为我国采用过的椭球及其参数表。

表 2.1　我国采用的椭球参数表

椭球名称	年代	长半轴 a/m	扁率 f
克拉索夫斯基椭球	1940	6378245	1/298.3
国际大地测量学与地球物理学联合会推荐的 1975 年国际椭球(GRS75)	1975	6378140	1/298.257
国际大地测量学与地球物理学联合会推荐的 1980 年国际椭球(GRS80)	1980	6378137	1/298.2572

选定某一个地球椭球，仅解决了椭球的形状与大小问题，但还必须确定它与大地体的相对位置，也就是所谓椭球的定位和定向问题，即选择地面一个参考点作为起点，称为大地原点，按照椭球的短轴与地球自转轴平行、椭球的起始大地子午面与格林尼治天文子午面平行、椭球面与大地水准面充分密合的条件，将椭球与大地体(地球)的相对位置和方向确定下来。这样一个形状与大小、位置与方向都已确定的地球椭球称为参考椭球。基于参考椭球建立的地球坐标系称为大地坐标系。如图 2.4 所示，(a)地球椭球中心不与地球质心重合，椭球面的局部区域与大地水准面的局部区域充分密合(图中虚线框部分)；(b)地球椭球中心与地球质心重合，整个椭球面与整个大地水准面充分密合。这种根据参考椭球中心位置的不同确定的大地坐标系，分别称为参心大地坐标系(图 2.4(a))和地心大地坐标系(图 2.4(b))。

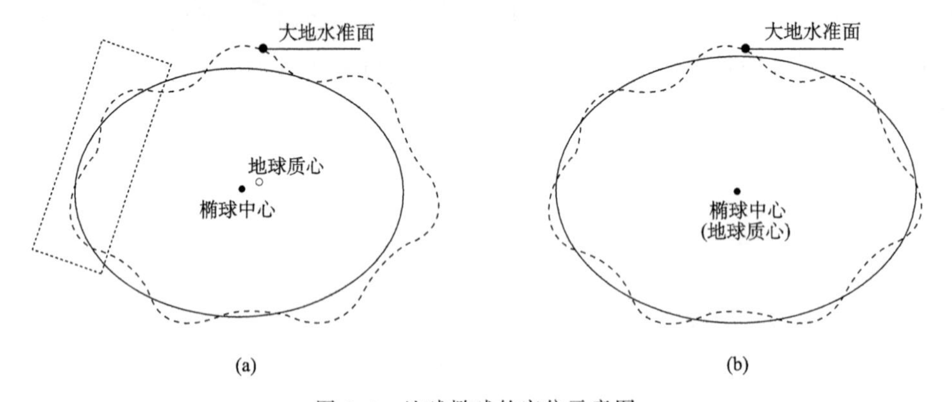

图 2.4　地球椭球的定位示意图

2.1.2　大地坐标系

在参考椭球基础上建立的角度坐标形式的地球坐标系称为大地坐标系，以椭球坐标(L、B、H)形式表示；以直角坐标形式建立的地球坐标系称为大地直角坐标系 O-XYZ。在许多有关惯性导航的书籍和文献中，大地坐标系也常被直接称为地球坐标系，其椭球坐标(λ、L、h)表示的形式更为常见。

1. 大地坐标系

当选择某一地球椭球代表地球后，包含某点和地球椭球旋转轴的平面称为该点的大地子午面，格林尼治天文台的大地子午面称为起始大地子午面。如图 2.5 所示，某点的大地坐标用大地经度 L、大地纬度 B 和大地高 H 表示，其中，大地经度是指该点的大地子午面与起始大地子午面之间的夹角，由起始大地子午面起算，向东为正，称为东经(0°～180°)，向西为负，称为西经(0°～180°)；大地纬度是过该点的椭球法线与赤道面的夹角，由赤道面起算，向北称为北纬(0°～90°)，向南称为南纬(0°～90°)；大地高是该点沿椭球法线方向到椭球面的距离，从椭球面起算，向外为正、向内为负。

2. 大地直角坐标系

大地直角坐标系 O-XYZ 是以椭球中心为坐标系原点 O，Z 轴与椭球的旋转轴一致并指向北极，X 轴指向起始大地子午面与赤道的交点，Y 轴与 X 轴、Z 轴构成右手坐标系，如图 2.5 所示。

由图 2.5 可以得到，大地坐标系转换为大地直角坐标系的变换关系为

$$\begin{cases} X=(N+H)\cos B\cos L \\ Y=(N+H)\cos B\sin L \\ Z=[N(1-e^2)+H]\sin B \end{cases} \tag{2.4}$$

其中

$$N=\frac{a}{\sqrt{1-e^2\sin^2 B}}=\frac{a}{\sqrt{1-f(2-f)\sin^2 B}} \tag{2.5}$$

由大地直角坐标系转换为大地坐标系时，通常采用下式

$$\begin{cases} L=\arctan\dfrac{Y}{X} \\ B=\arctan\left[\dfrac{Z}{\sqrt{X^2+Y^2}}\left(1-\dfrac{e^2 N}{N+H}\right)^{-1}\right] \\ H=\dfrac{\sqrt{X^2+Y^2}}{\cos B}-N \end{cases} \tag{2.6}$$

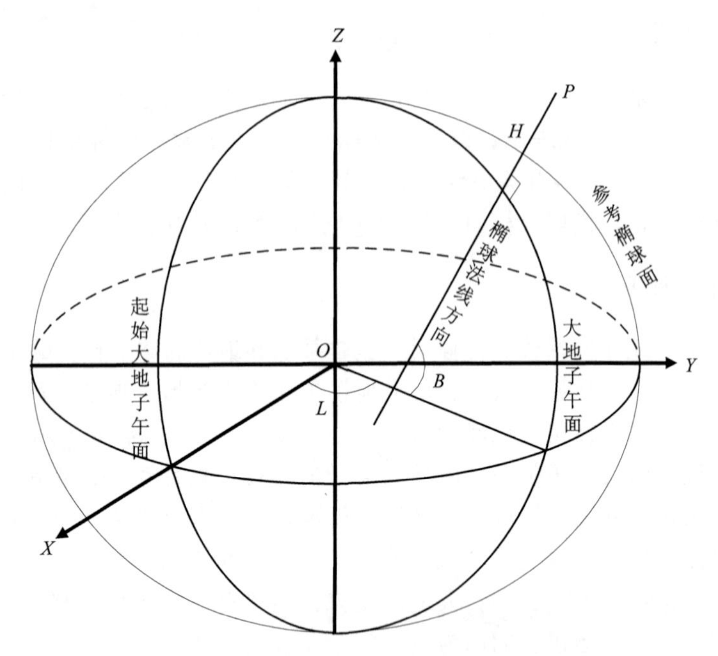

图 2.5　大地坐标系与大地直角坐标系示意图

当采用式(2.6)计算大地纬度时，需用迭代方法，迭代初值可取为

$$\begin{cases} N_0 = a \\ H_0 = \sqrt{X^2+Y^2+Z^2} - \sqrt{ab} \\ B_0 = \arctan\left[\dfrac{Z}{\sqrt{X^2+Y^2}}\left(1-\dfrac{e^2 N_0}{N_0+H_0}\right)^{-1}\right] \end{cases} \tag{2.7}$$

随后，每次迭代按照下述公式(2.8)进行，直至$(B_i - B_{i-1})$和$(H_i - H_{i-1})$小于所要求的限值。一般情况下，迭代四次左右便可达到 H 的计算精度为 0.001m 和 B 的计算精度为 0.00001″。

$$\begin{cases} N_i = \dfrac{a}{\sqrt{1-e^2 \sin^2 B_{i-1}}} \\ H_i = \dfrac{\sqrt{X^2+Y^2}}{\cos B_{i-1}} - N_{i-1} \\ B_i = \arctan\left[\dfrac{Z}{\sqrt{X^2+Y^2}}\left(1-\dfrac{e^2 N_i}{N_i+H_i}\right)^{-1}\right] \end{cases} \tag{2.8}$$

大地坐标系(L、B、H)与大地直角坐标系(X、Y、Z)对于克拉索夫斯基椭球参数的转换实例如下

$$\begin{cases} L = 77°11'22.333'' \\ B = 33°44'55.666'' \\ H = 555.66\text{m} \end{cases} \qquad \begin{cases} X = 1177221.724\text{m} \\ Y = 5177184.466\text{m} \\ Z = 3523683.774\text{m} \end{cases}$$

2.1.3　天文坐标系

地球自转轴、地面点的铅垂线和水准面是客观存在的自然特征，是可以实际标定的线和面。天文坐标是以这些客观存在的自然特征为基础建立的。

地面点包含铅垂线方向的所有平面统称为铅垂面，其中，与地球自转轴平行的铅垂面称为天文子午面，而通过格林尼治天文台的天文子午面称为起始天文子午面。垂直于天文子午面的铅垂面称为天文卯酉面。

地面点的天文坐标用天文经度 λ、天文纬度 φ 和正高 $H_{正}$ 表示，如图 2.6 所示，其中地球形状是由大地水准面所包围的大地体。天文经度是该点的天文子午面与起始天文子午面之间的夹角，由起始天文子午面起算，从地球以外向北极看，逆时针方向为正，顺时针方向为负；天文纬度是地球自转轴北方向与铅垂线之间夹角的余角；正高是该点沿铅垂线到大地水准面的距离，从大地水准面起算，向外为正、向内为负。

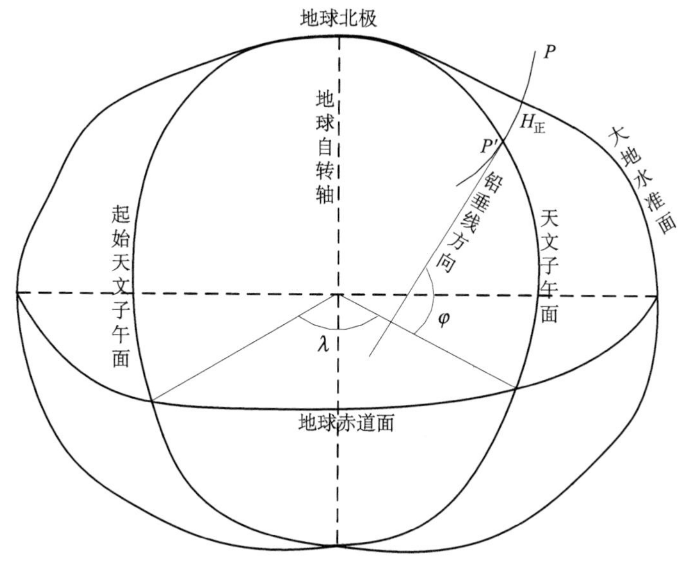

图 2.6　天文坐标系示意图

地面点的天文经度、天文纬度可以通过观测恒星直接测定，正高则要通过水准测量的方法来测定。由于大地水准面的不规则性，两点之间的距离和坐标之间是没有严密的数学关系的，因此，在该曲面上不能进行简单而准确的推算，地面点的天文坐标只能依靠直接观测得到。所以，天文坐标只能孤立地表示一点的位置，而不能构成一个统一的坐标系。

此外，天文方位角也是一个重要的参数，它是航天器发射标定方向的基础。地面点 P 的天文子午面与包含目标点 T 的另一铅垂面的夹角称为点 T 相对点 P 的天文方位角，常用 α 表示。天文方位角从北方向起算，顺时针方向量取，范围为 0°～360°。

2.1.4 几个相关概念

1. 子午圈曲率半径、卯酉圈曲率半径与平均曲率半径

椭球上包含某点法线的平面称为法截面，法截面与椭球面的交线称为法截线。显然，包含一点的法截面(法截线)有无数多个，其中包括子午面(子午线)。在一点上与该点子午面相垂直的法截面与椭球相截形成的闭合圈称为卯酉圈，如图 2.7 所示。不同于球面上任意一点的法截线的曲率半径都等于圆球半径，椭球面上任意一点不同方向的法截线的曲率半径都不相同。

在大地坐标系中，过椭球面上一点的子午面(子午线)与过该点的任意方向的法截面(法截线)的夹角称为该点的大地方位角，通常以 A 表示。大地方位角从子午线北方向起算，顺时针方向量取，范围为 0°～360°。

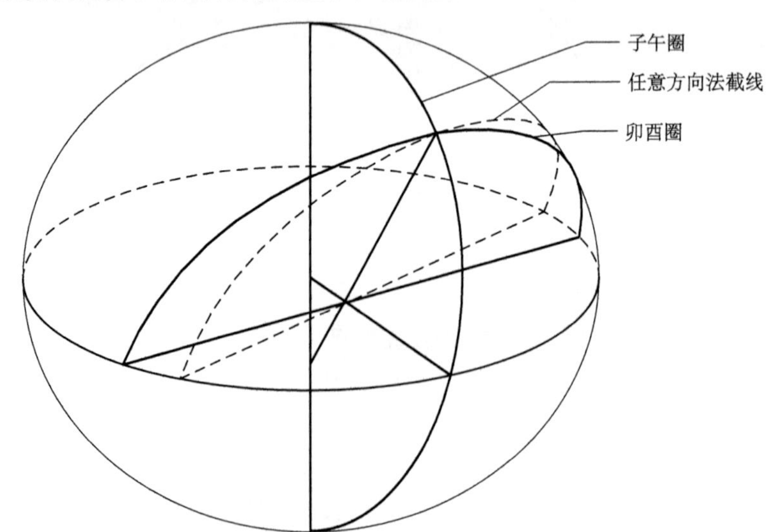

图 2.7 法截线、子午圈与卯酉圈示意图

以下不加推导地直接给出了子午圈曲率半径、卯酉圈曲率半径以及平均曲率半径的计算公式。为了简化，引入以下辅助量

$$W=\sqrt{1-e^2\sin^2 B} \tag{2.9}$$

$$V=\sqrt{1+e'^2\cos^2 B} \tag{2.10}$$

$$e'=\sqrt{\frac{a^2-b^2}{b^2}} \tag{2.11}$$

$$W=V\sqrt{1-e^2} \tag{2.12}$$

其中，e'为椭球的第二偏心率。

子午圈曲率半径为

$$R_M=\frac{a(1-e^2)}{(1-e^2\sin^2 B)^{3/2}} \tag{2.13}$$

或

$$M=\frac{a(1-e^2)}{W^3} \tag{2.14}$$

卯酉圈曲率半径为

$$R_N=\frac{a}{\sqrt{1-e^2\sin^2 B}} \tag{2.15}$$

或

$$N=\frac{a}{W} \tag{2.16}$$

子午圈曲率半径与卯酉圈曲率半径存在如下关系

$$M=\frac{N}{V^2} \tag{2.17}$$

某点任意方向的法截线的曲率半径为

$$R_A=\frac{N}{1+e'^2\cos^2 B\cdot\cos^2 A} \tag{2.18}$$

在一些实际的应用中，由于 R_A 的数值随大地方位角变化，给计算带来不便，所以，可根据一定的精度要求，在一定范围内把椭球当成圆球来处理，为此需要推求该球体的半径，即所谓的平均曲率半径。椭球面上任意一点的平均曲率半径 R 等于该点的子午圈曲率半径 M 和卯酉圈曲率半径 N 的几何平均值，即

$$R=\sqrt{MN} \tag{2.19}$$

也可以用下式计算平均曲率半径 R。

$$R=\frac{b}{W^2}=\frac{N}{V}=\frac{a}{W^2}\sqrt{1-e^2} \tag{2.20}$$

2. 大地水准面差距、垂线偏差

由于大地水准面起伏，一是导致地面一点的大地高与正高不一致，二者之间的差称为大地水准面差距；二是导致该点的铅垂线方向与椭球法线方向不一致，二者之间存在微小夹角，称为垂线偏差。

如图 2.8 所示，地面点 $P_{地}$ 沿椭球法线直接投影到椭球面上得到 $P_{椭}$ 点，它们之间的距离为大地高 H；当地面点 $P_{地}$ 沿铅垂线投影到大地水准面上时，得到在大地水准面上的投影点 $P_{大}$，它们之间沿铅垂线度量的距离为正高 $H_{正}$。将 $P_{大}$ 点沿椭球法线投影到椭球面上得到 $P'_{椭}$ 点，$P_{大}$ 点与 $P'_{椭}$ 点间的距离则为大地水准面差距 $H-H_{正}$。

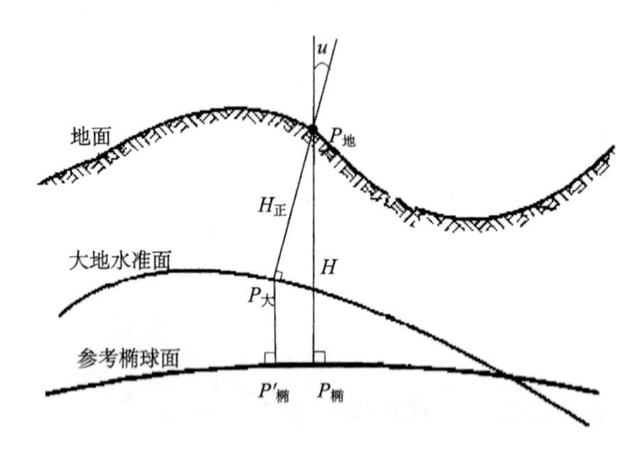

图 2.8 大地水准面差和垂线偏差示意图

在地球椭球定位时，所谓椭球面与大地水准面充分密合的条件就是要满足大地水准面差距的平方和为最小。

从图 2.8 可以看出，地面点 $P_{地}$ 的铅垂线与其相应的椭球面的法线之间存在偏差角，称为该点的垂线偏差 u。垂线偏差在大地子午面(圈)的分量(南北分量)为 ξ，在卯酉圈的分量(东西分量)为 η，如图 2.9 所示。垂线偏差 u 与 ξ、η 的关系为

$$\begin{cases}\xi=u\cos\theta\\ \eta=u\sin\theta\end{cases} \tag{2.21}$$

其中，θ 以椭球法线作为基准，当铅垂线偏北时 ξ 为正，当铅垂线偏东时 η 为正。

由于铅垂线方向的不规则性，垂线偏差 u 的变化也呈现不规则性，u 值一般在 $\pm 5'' \sim \pm 10''$ 范围内，在某些特殊地区最大值也可能达到 $60''$。垂线偏差的变化，对精密天文定位的精度和高精度惯性导航定位都将产生影响。

某一点的垂线偏差(ξ, η)与天文坐标(λ, φ)和大地坐标(B, L)的关系为

$$\begin{cases} B = \varphi - \xi \\ L = \lambda - \eta \sec\varphi \end{cases} \tag{2.22}$$

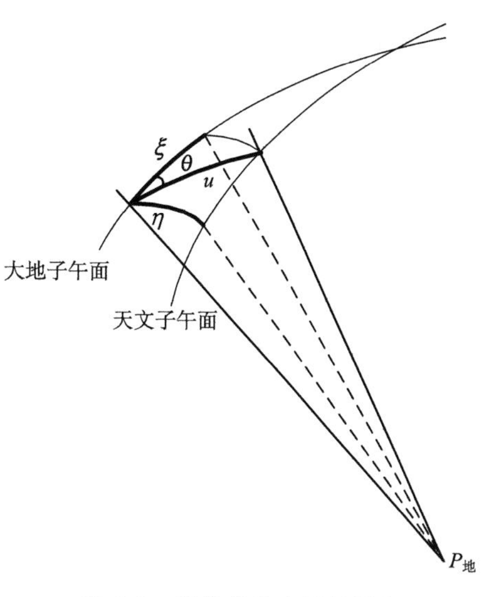

图 2.9　垂线偏差在子午圈和卯酉圈的分量示意图

3. 我国的高程系统

由于地球质量特别是外层质量分布的不均匀，大地水准面形状非常复杂。大地水准面的严密测定取决于地球构造方面的学科知识，目前尚不能精确确定。为此，有学者建议研究与大地水准面很接近的似大地水准面。这个面不需要任何关于地壳结构方面的假设便可以严密确定。似大地水准面尽管不是水准面，但似大地水准面与大地水准面在海洋上完全重合，而在大陆的平原地区相差不大，在山区的差异可能达到数米。

我国的高程系统实际为正常高系统，与正高系统稍有不同，此时的大地水准面用似大地水准面代替，似大地水准面与地球椭球面之间的差距称为高程异常。在一定精度范围内，大地水准面差距与高程异常可以看成是一致的。

4. 地理坐标系

在测绘学学科中，地理坐标系的定义为以经度、纬度表示地面点的位置的球坐标系。因此，在地球坐标系中，大地坐标系和天文坐标系都可以称为地理坐标系，而常用的地理坐标主要指大地坐标(B, L)，这种地理坐标的表示方法及其使用常出现在地理信息系统(GIS)中，这些地理信息系统要求输入某点的地理坐标一般指该点的大地坐标(其中还包括选择椭球参数)。

在有关惯性导航的专业书籍和文献中，地理坐标系在很多时候又被称为当地水平坐标系，其定义与测绘学中的定义完全不同，具体定义见 2.3.1 节。请读者在学习使用过程中注意区分。

2.1.5 地心地固坐标系

1. 地心坐标系定义

在建立大地坐标系初期，世界上不同的国家分别选用不同的地球椭球，通过定位与定向建立参考椭球。由于条件的限制，一般情况下，各国建立的参考椭球仅与该国的(或局部的)大地水准面最为密合，与此相应的椭球中心一般不会与地球质心重合。

地球除了具有几何性质(形状与大小)外，还有物理性质(重力场)。地球形状和质量分布的不规则，使地球重力场及其水准面变得十分复杂。为了研究重力场及其重力的需要，同时考虑到采用旋转椭球来描述地球形状并用其作为建立地球坐标系的基础，人们引入了"正常椭球"的概念。所谓正常椭球是一个假想的、形状与质量已知并且分布规则的旋转椭球，它与大地水准面非常接近，是大地水准面的规则形状的一种描述。正常椭球产生的重力场称为正常重力场，并作为实际地球重力场的近似值，或者说使正常重力场与实际地球重力场的差别较小(相关概念参见第 6 章)。在选定正常椭球时，除了确定其几何参数外，还需要确定其物理参数，同样还包括椭球的定位定向问题。根据研究目的不同，可以选取不同的正常椭球。

随着空间技术的发展与应用，人们通过全球多种观测资料(包括人造卫星观测资料)的综合运用，可以确定一个在全球范围内与大地体最为密合的参考椭球(正常椭球)。人造地球卫星绕地球运行，其轨道平面是通过地心的，因此利用这种空间技术可以确定地球的质心。为了从几何和物理两方面来研究全球性的问题，把在全球范围内最密合于大地体的参考椭球(正常椭球)定义为总地球椭球。这个总地球椭球满足以下条件：

(1) 总地球椭球的中心与地球的质心重合；

(2) 总地球椭球的短轴与地球的自转轴重合，总地球椭球与地球的旋转角速度相等；

(3) 总地球椭球的起始子午面与地球的起始天文子午面重合；

(4) 总地球椭球的表面在全球范围与大地水准面之间的差距平方和最小。

为了体现总地球椭球的几何性质(形状与大小)和物理性质(正常重力场)，总地球椭球一般采用以下四个基本参数表示，它们是：

(1) 椭球半长轴 a；

(2) 引力常数与地球质量的乘积 GM(地球引力常数)；

(3) 椭球扁率 f 或者地球引力场二阶带谐系数 J_2；

(4) 地球自转角速度 ω。

其中，J_2 也称为地球动力形状因子。

表 2.2 给出了 GRS80、CGCS2000 及 WGS84 椭球的基本常数。

表 2.2　GRS80、CGCS2000 及 WGS84 椭球的基本常数

基本常数＼椭球的类型	GRS80	CGCS2000	WGS84
长半轴 a/m	6378137	6378137	6378137
地球引力常数 $GM/(m^3/s^2)$	3.986005×10^{14}	3.986004418×10^{14}	3.986004418×10^{14}
地球引力场二阶带谐系数 J_2	1.08263×10^{-3}	—	—
扁率 f	—	1/298.257222101	1/298.257223563
地球自转角速度 ω/(rad/s)	7.292115×10^{-5}	7.292115×10^{-5}	7.292115×10^{-5}

从表 2.2 可以看出，CGCS2000 椭球与 WGS84 椭球的区别仅为其 f 值有微小差异(体现在赤道上仅差 1mm)，可以认为两个椭球实际是一致的。因此，对于通常的导航应用而言，可以认为 CGCS2000 坐标系与 WGS84 坐标系不存在差异。

对于地球引力场二阶带谐系数 J_2 与地球椭球扁率 f 存在的转换关系，其近似表达式为

$$f=\frac{3}{2}J_2+\frac{1}{2}q \tag{2.23}$$

$$q=\frac{\omega^2a^3}{GM} \tag{2.24}$$

以地球质心、地球自转轴和总地球椭球可以建立地心地固坐标系(ECEF)，按照坐标表示的方式不同，相应地有地心大地坐标系、地心直角坐标系。

地心大地坐标系的定义为：总地球椭球的中心与地球的质心重合，总地球椭球的短轴与地球的自转轴重合，总地球椭球的起始子午面与地球的起始天文子午面(格林尼治子午面)重合，大地经度为过地面点的椭球子午面与格林尼治大地子午面之间的夹角，大地纬度为过地面点的椭球法线与椭球赤道面的夹角，大地高为地面点沿椭球法线至椭球面的距离。

地心直角坐标系的定义为：原点与地球的质心重合，Z 轴指向地球北极，X 轴指向格林尼治子午面与地球赤道的交点，Y 轴与 X 轴、Z 轴构成右手坐标系。

2. 极移与国际协议原点

地心坐标系以地球自转轴为基准，当地球自转轴相对地球内部的位置固定不变时，地球坐标系可唯一确定。实际上，由于地球不是刚体以及一些地球物理因素的影响，地球自转轴相对地球体的位置并不是固定不变的，因此，地极点在地

球表面上的位置是随时间而变化的，这种地极的位置变化称为极移。某一观测瞬间地球北极所在位置称为瞬时地极 CEP(Celestial Ephemeris Pole 或 Instantaneous Pole of Rotation)，某一段时间内地极的平均位置称为平均地极，简称平极。

瞬时地极在地面上移动的范围较小，为了描述地极的移动规律，可取某一点 o 为原点(称为平极 P_0)，在与过该点且与地球表面相切的平面上建立一个平面直角坐标系 $o\text{-}xy$，x 轴指向格林尼治子午线方向，y 指向格林尼治以西 90°子午线方向。任一时刻的瞬时地极位置可以表示为 $P(x_p, y_p)$，如图 2.10(a)所示。

1967 年，国际天文学联合会和国际大地测量学与地球物理学联合会决定以 1900～1905 年地球自转轴瞬时位置的平均位置作为地球平极位置，通常称为国际协议原点(Conventional International Origin，CIO)，或称为协议地极(Conventional Terrestrial Pole，CTP)。此外，国际极移服务(IPMS)和国际时间局(BIH)等机构都先后用不同方法得到地极原点，故又有不同的 CIO 系统，其中属于国际时间局的有 $BIH_{1968.0}$、$BIH_{1979.0}$ 和 $BIH_{1984.0}$ 等。与协议地极相对应的地球赤道称为平赤道或协议赤道。

当前，CIO 系统由国际地球自转服务(International Earth Rotation Service，IERS)组织维持。IERS 根据全球观测台站的资料进行解算并定期在其出版的公报上向用户提供瞬时地极资料。图 2.10(b)为 1968～1974 年瞬时地极变化情况。

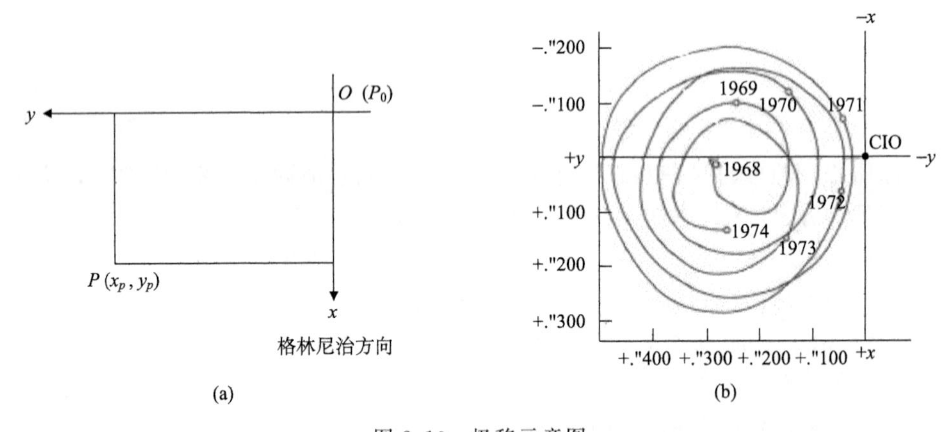

图 2.10 极移示意图

3. 协议地球坐标系

以协议地极为 Z 轴指向点的地心直角坐标系称为协议地球坐标系(CTS)，也称为地心地固坐标系，而以瞬时地极为 Z 轴指向点的地心地固坐标系称为瞬时地球坐标系。常见的地心地固坐标系有美国的 WGS-84 坐标系、俄罗斯的 PZ-90 坐标系等，我国北斗卫星导航系统采用 2000 中国大地坐标系(CGCS2000)。

协议地球坐标系与瞬时地球坐标系的关系如图 2.11 所示。由瞬时地球坐标系的坐标到协议地球坐标系的坐标转换公式为

$$\begin{bmatrix} X \\ Y \\ Z \end{bmatrix}_{\text{CTS}} = (EP) \begin{bmatrix} X \\ Y \\ Z \end{bmatrix}_{\text{ET}} \tag{2.25}$$

其中，(EP)为极移矩阵，有

$$(EP) = \boldsymbol{R}_2(-x_p) \cdot \boldsymbol{R}_1(-y_p) \tag{2.26}$$

其中，$\boldsymbol{R}_1$、$\boldsymbol{R}_2$ 为直角坐标系绕 x 轴和 y 轴的旋转变换矩阵。

由协议地球坐标系的坐标到瞬时地球坐标系的坐标转换公式为

$$\begin{bmatrix} X \\ Y \\ Z \end{bmatrix}_{\text{ET}} = (EP)^{\text{T}} \begin{bmatrix} X \\ Y \\ Z \end{bmatrix}_{\text{CTS}} \tag{2.27}$$

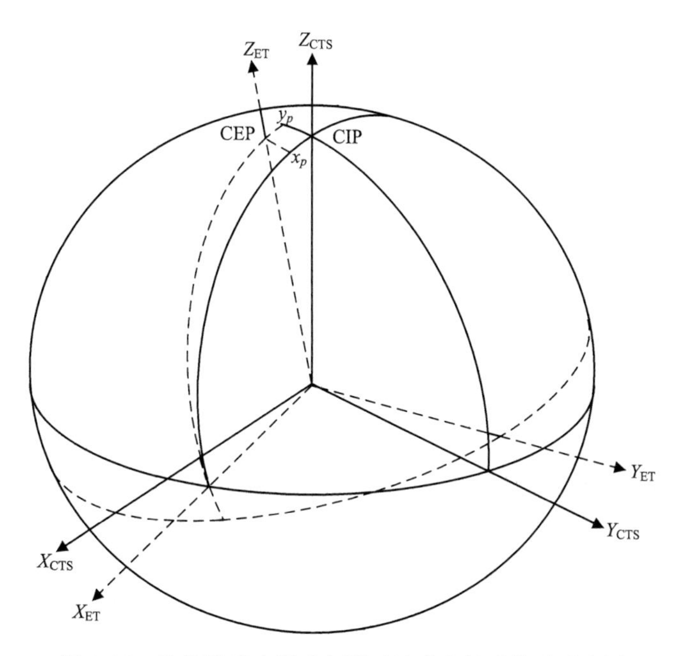

图 2.11　协议地球坐标系与瞬时地球坐标系关系示意图

2.1.6　我国的地球坐标系简介

由于历史和技术原因，我国曾在不同时期建设和使用过多种地球坐标系，它们为国防和国民经济建设提供了重要支撑。

1. 1954 年北京坐标系

1954 年北京坐标系属参心大地坐标系，它采用克拉索夫斯基椭球参数，是苏联 1942 年坐标系统在中国的延伸。1954 年北京坐标系的大地原点在苏联的普尔科沃，定位定向是苏联 1942 年坐标系统定位定向。1954 年北京坐标系在我国经济建设和国防建设中发挥了重要作用，以 1954 年北京坐标系为基础的测绘成果(如地图)已广泛应用到经济建议和国防建设的许多领域。但是，随着观测资料的丰富和相关理论技术与应用的不断发展，人们发现 1954 年北京坐标系存在一些缺点和问题，主要是：

(1) 椭球参数误差较大。克拉索夫斯基椭球参数与现代精确的椭球参数相比，长半轴约大 109m；

(2) 参考椭球面与我国大地水准面存在着自西向东明显的系统性倾斜，在东部地区大地水准面差距最大达到＋68m；

(3) 几何大地测量和物理大地测量所采用的参考面不统一。我国在处理重力数据时采用的是赫尔默特 1900～1909 年正常重力公式，与这个公式相对应的赫尔默特扁球不是旋转椭球，它与克拉索夫斯基椭球是不一致的，因此，不能把克拉索夫斯基椭球和赫尔默特正常重力公式合并在一起，作为几何大地测量和物理大地测量统一使用的参数，这给实际工作带来了麻烦。

(4) 定向不明确。椭球短轴的指向既不是国际上普遍采用的国际协议原点(CIO)，也不是我国地极原点($JYD_{1968.0}$)；起始大地子午面不是平行于国际时间局所定义的格林尼治平均天文台子午面，从而给坐标换算带来一些不便和误差。

2. 1980 年国家大地坐标系

1980 年国家大地坐标系是在 1954 年北京坐标系的基础上，采用我国大量实际测量数据重新计算得到。1980 年国家大地坐标系仍属参心大地坐标系，参考椭球采用 1975 年国际大地测量学与地球物理学联合会推荐的既含几何参数又含物理参数的 4 个椭球基本参数(简称 IUGG75 椭球参数，包括椭球长半轴、地球引力常数、地球引力场二阶带谐系数、地球自转角速度)，椭球定位参数以我国范围内高程异常平方和最小为条件进行求解，椭球定向为其短轴平行于地球质心指向地极原点$JYD_{1968.0}$方向，起始大地子午面平行于我国起始天文子午面。大地原点位于我国中部地区。

为了解决 1980 年国家大地坐标系与 1954 年北京坐标系的差别带来的问题，特别是在地图测图中带来的问题，于是产生了新 1954 年北京坐标系[又称为 1954 年北京坐标系(整体平差转换值)]。新 1954 年北京坐标系在 1980 年国家大地坐标系的基础上，用 IUGG75 椭球代替克拉索夫斯基参考椭球，将坐标中心平移使其与 1954 年北京坐标系统重合，坐标轴保持与 1980 年国家大地坐标系的坐标轴平行。

3. 1978 年地心坐标系

1978 年地心坐标系是将 1954 年北京坐标系通过地心一号(DX-1)坐标转换参数转换得到的地心坐标。

地心一号坐标转换参数包含三个坐标平移参数(ΔX_0，ΔY_0，ΔZ_0)，它表示 1954 年北京坐标系中心相对地心坐标系中心的位移，即 1954 年北京坐标系的中心在地心坐标系中的三个分量。利用这组参数得到的地心坐标系定名为 1978 年地心坐标系。将 1954 年北京坐标系的空间直角坐标转换为 1978 年地心坐标系坐标的计算公式为

$$\begin{bmatrix} X \\ Y \\ Z \end{bmatrix}_{1978} = \begin{bmatrix} X \\ Y \\ Z \end{bmatrix}_{1954} + \begin{bmatrix} \Delta X_0 \\ \Delta Y_0 \\ \Delta Z_0 \end{bmatrix}_{\text{DX-1}} \tag{2.28}$$

地心一号坐标转换参数不包含旋转参数和尺度变化参数。它只是一个初步结果，以满足当时空间技术发展的需要。

4. 1988 年地心坐标系

1988 年地心坐标系是将 1980 年国家大地坐标系或新 1954 年北京坐标系通过地心二号(DX-2)坐标转换参数转换得到的地心坐标。

1988 年地心坐标系的原点为地球质心，Z 轴指向国际协议原点($\text{BIH}_{1968.0}$)，X 轴指向国际经度原点($\text{BIH}_{1968.0}$)，Y 轴与 Z 轴、X 轴构成右手坐标系。长单位度为米。用大地坐标表示时，椭球参数是：长半轴 a 为 6378140m，扁率 f 为 1∶298.257。

地心二号坐标转换参数包含平移参数(ΔX_0，ΔY_0，ΔZ_0)、旋转参数(ε_X，ε_Y，ε_Z)和尺度变化参数 m。将 1980 年国家大地坐标系或新 1954 年北京坐标系的大地直角坐标转换为 1988 年地心坐标系坐标的计算公式为

$$\begin{cases} X_D = X(1+m) + Y \cdot \varepsilon''_Z/\rho'' - Z \cdot \varepsilon''_X/\rho''_0 + \Delta X_0 \\ Y_D = Y(1+m) - X \cdot \varepsilon''_Z/\rho'' + Z \cdot \varepsilon''_X/\rho''_0 + \Delta Y_0 \\ Z_D = Z(1+m) + X \cdot \varepsilon''_Y/\rho'' - Y \cdot \varepsilon''_X/\rho''_0 + \Delta Z_0 \end{cases} \tag{2.29}$$

其中，(X_D，Y_D，Z_D)表示 1988 年地心坐标系中的坐标；(X，Y，Z)表示 1980 年国家大地坐标系或新 1954 年北京坐标系的直角坐标，对应的转换参数是$\langle DX-2\rangle_{1980}$或$\langle DX-2\rangle_{\text{新}1954}$。

5. 2000 中国大地坐标系

我国新一代国家大地坐标系称为 2000 中国大地坐标系(China Geodetic Coordinate System 2000，CGCS2000)，其定义与协议地球坐标系(地心地固坐标系)的定义一致，包括以下几点。

(1) 原点：包括海洋和大气的整个地球的质量中心。

(2) 定向：Z 轴指向国际地球自转服务(IERS)组织定义的参考极(IRP)方向；

① X 轴为 IERS 定义的参考子午面(IRM)与通过原点且与 Z 轴正交的赤道面的交线；

② Y 轴与 Z 轴、X 轴构成右手直角坐标系；

(3) CGCS2000 原点也可用作 CGCS2000 椭球的几何中心，Z 轴用作该旋转椭球的旋转轴。

(4) CGCS2000 的参考历元为 2000.0。

(5) CGCS2000 参考椭球的基本参数有以下几个。

① 长半轴：$a=6378137.0\text{m}$；

② 地球(包括大气)引力常数：$GM=3.986004418\times10^{14}\text{m}^3/\text{s}^2$；

③ 扁率：$f=1/298.257222101$；

④ 地球自转角速度：$\omega=7.2921150\times10^{-5}\text{rad/s}$；

⑤ 正常椭球与参考椭球一致。

2.2 地心惯性坐标系

2.2.1 天球的基本概念与天球坐标系

天球的基本概念与天球坐标系是学习理解地心惯性坐标系的必要知识，也是学习和掌握天文导航定位方法的基础。

1. 天球的基本概念

所谓天球是指以空间任意一点为中心，以任意长(一般看成数学上的无穷大)为半径的假想球体。在天文学中，通常把天体投影到天球面上，并利用球面坐标系来表达或研究天体的位置以及天体之间的位置关系。应该指出的是：

(1) 天体在天球上的投影，即天球中心和天体的连线与天球的相交点，称为天体在天球上的位置，或叫做天体的视位置。

(2) 天体在天球上的视位置是天体沿视线方向在天球上的投影，因而天球的半径完全可以自由选取，而不会影响研究问题的实质。

(3) 天球上任意两个天体之间的距离一般都是指它们之间的角距离，即它们对于观测者的张角。在天球上，线距离是没有意义的。

(4) 一般说来，天体离地球的距离都可以看成是数学上的无穷大。因此，在地面上不同地方看同一天体的视线方向，可以认为是互相平行的，或者也可以反过来说，一个天体发射到地球上不同地方的光互相平行。反之可以说，所有平行的方向将与天球交于一点。

为了在天球上建立坐标系统，必须确定天球上的一些参考点、参考线和参考面。

1) 天顶、天底与地平圈

通过天球中心 O(观测者的眼睛)作铅垂线(即观测者的重力方向)的延长线与天球相交于两点 Z 和 Z'，如图 2.12 所示。Z 正好位于观测者的头顶上，好像是天球的最高点，故称为天顶；与 Z 相对的另一交点 Z'，必然位于观测者的脚下，所以 Z' 称为天底。因此，观测者是始终见不到天底的。通过天球中心 O 作与直线 ZOZ' 相垂直的平面。它与天球的交线是一个大圆，称为地平圈。

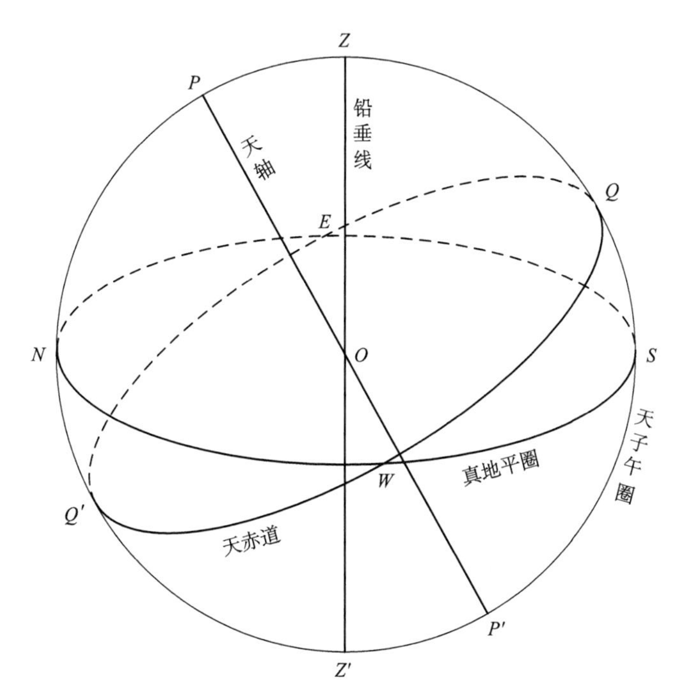

图 2.12　天顶、天底与地平圈以及天极、天赤道与天子午圈示意图

2）天极、天赤道与天子午圈

如图 2.12 所示，通过天球的中心 O 作一条与地球自转轴平行的直线 POP'，这条直线称为天轴。天轴与天球相交于两点 P 和 P'，称为天极。P 与地球上的北极相对应，称为北天极；P'与地球上的南极相对应，称为南天极。通过天球中心 O 作一个与天轴垂直的平面 QQ'，称为天赤道面。显然，它与天球的交线也是一个大圆，称为天赤道，它实际上可以看成是地球赤道面的延伸。在天球上通过天顶 Z、北天极 P 和天底 Z'，作一个平面，其与天球的交线也是一个大圆，称为天子午圈 ZPZ'，南天极 P'也在天子午圈上。

3）黄道、黄极与春分点

如图 2.13 所示，通过天球中心 O 作一个平面与地球公转轨道面平行，这一平面称为黄道面。黄道面与天球的交线是一个大圆，称为黄道。通过天球的中心 O 作一条垂直于黄道面的直线 KOK'，与天球相交于两点 K 和 K'，K 与北天极 P 靠近，称为北黄极；K'与南天极 P'靠近，称为南黄极。黄道与赤道斜交，其交角称为黄赤交角 ε，它是一个变化值，其平均值为 23.5°。

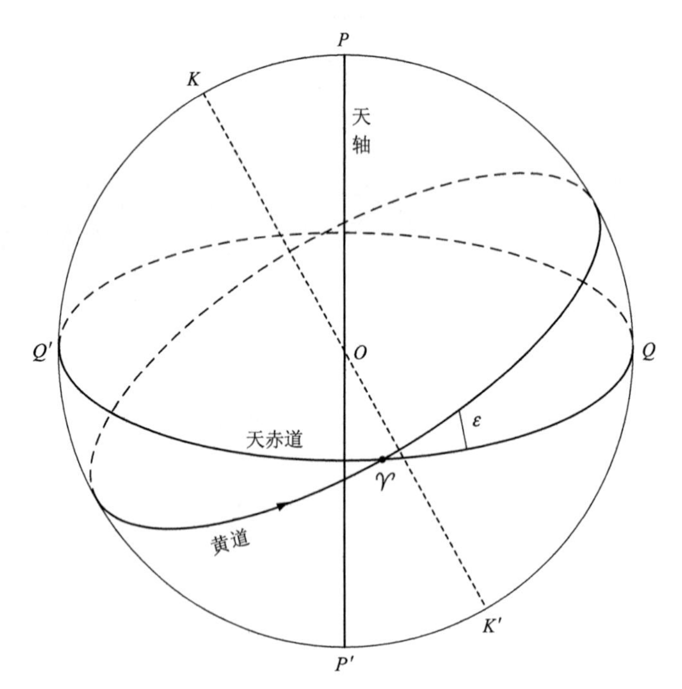

图 2.13　黄道、黄极与春分点示意图

地球绕太阳公转，地球上观测者见到的是太阳在一年内沿着黄道自西向东(从北黄极 K 看为逆时针方向)旋转一周，称为太阳的周年视运动。太阳由南向北穿过赤道所经过的黄道与赤道的交点称为春分点，用符号 γ 表示。

2. 天球坐标系

根据研究对象和方法的不同，利用天球上的参考点、线和面，可以建立不同的天球坐标系。天球坐标系有两个特点：一是天球坐标系只考虑方向，不考虑距离，这意味着把天球看成一个单位球，涉及的全部矢量可看成单位矢量；二是天球的几何形状是一个正球，用球面坐标表示天体位置所涉及的数学关系式比较简单。常用的天球坐标系有地平坐标系、时角坐标系、赤道坐标系和黄道坐标系。下面主要介绍赤道坐标系和时角坐标系。

1）赤道坐标系

如图 2.14 所示，直角坐标系 O-XYZ 的原点位于地球质心，X 轴指向春分点 γ，Z 轴指向北天极 P，Y 轴与 X 轴、Z 轴构成右手坐标系。与天赤道垂直的大圆称为赤经圈，也称时圈；与天赤道平行的小圆称为赤纬圈。赤道坐标系的基本平面为天赤道面，设天体 σ 的赤经圈交天赤道于 D，天体 σ 的位置用赤经 α 和

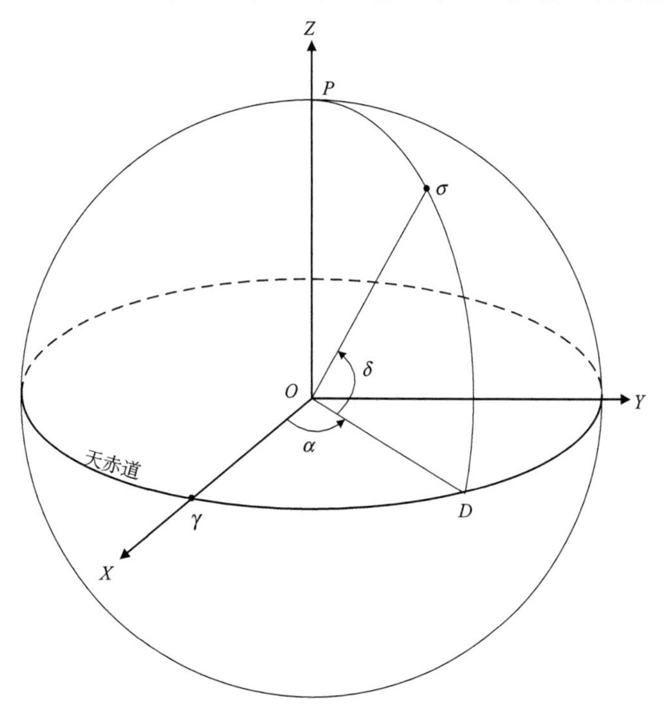

图 2.14　赤道坐标系示意图

赤纬 δ 表示。角度$\overset{\frown}{D\sigma}$为天体的赤纬 δ，从天赤道向南、北天极两个方向度量，向北为正、向南为负，范围为 0°～90°；角度$\overset{\frown}{\gamma D}$为天体的赤经 α，由春分点 γ 开始按逆时针方向(从天球北黄极看)度量，范围为 0°～360°(或 0^h～24^h)。由于春分点本身在做周日视运动，因此在赤道坐标系中，任何天体的坐标(α，δ)都是固定的，不会因观测者的位置和时间不同而发生变化(注：严格讲，春分点 γ 在天球上并不是固定的，它有微小的变化——岁差和章动，此处的不变是针对有限的时间间隔和一定的精度范围而言)。赤道坐标系是最重要的天球坐标系。在各种星表和天文年历中通常列出天体在赤道坐标系的坐标供使用。

2）时角坐标系

如图 2.15 所示，直角坐标系 O-XYZ 的原点位于地球质心，X 轴指天赤道与天子午圈交点中的高点 Q(天赤道的最高点)，Z 轴指向北天极，Y 轴与 X 轴、Z 轴构成左手坐标系。赤道坐标系的基本平面为天赤道面，设天体 σ 的赤经圈交天赤道于 D，天体 σ 的位置用时角 t 和赤纬 δ 表示。时角坐标系中赤纬 δ 的定义与赤道坐标系赤纬 δ 的定义相同，即角度$\overset{\frown}{D\sigma}$为天体的赤纬 δ，从天赤道向南、北天极两个方向度量，向北为正、向南为负，范围为 0°～90°；角度$\overset{\frown}{QD}$为天体的时角 t，由点 Q 开始按顺时针方向(从天球北黄极看)度量，范围为 0^h～24^h，也有由 Q 开始分别向春分点和秋分点方向度量的，范围为 0^h～$\pm 12^h$。

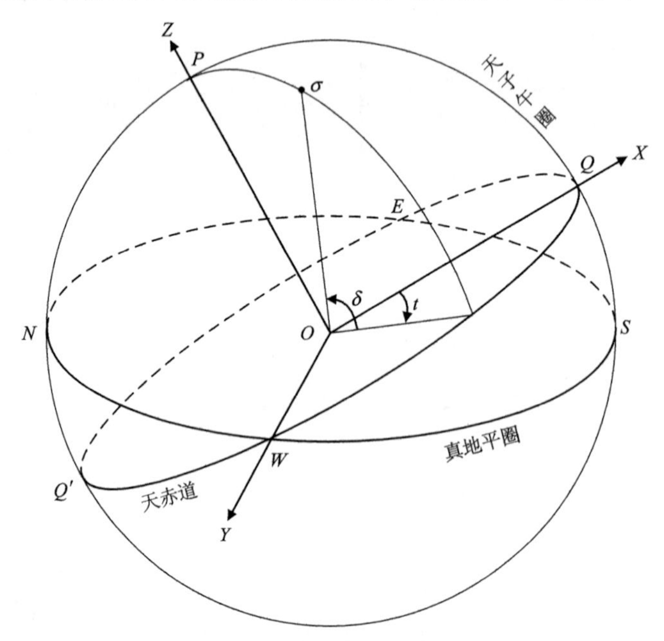

图 2.15　时角坐标系示意图

2.2.2　地心惯性坐标系

赤道坐标系也是最常用的天球坐标系，以下在没有特别说明的情况下，将赤道坐标系称为天球坐标系。春分点和天赤道面是建立天球坐标系重要的基准点和基准面。在太阳、月球和行星引力作用下，地球自转轴在空间的指向和地球公转轨道平面发生改变，使赤道、黄道和春分点都有以恒星为背景的运动，因而以它们为基准点和基准面的坐标系就时刻改变着在天球上的位置，这种现象称为岁差、章动。由于岁差和章动的原因，北天极和春分点便有了“瞬时”和“平”两种位置，故有瞬时天球坐标系和平天球坐标系(协议天球坐标系)之分。

1. 岁差与章动

岁差现象是由于月球、太阳和行星对地球的吸引造成的。由于地球不是一个质量分布均匀的正球体，而近似为旋转椭球体，月球运行轨道面(白道面)和太阳周年视运动的轨道面(黄道面)不重合。这样，月球和太阳对地球的引力就使地球自转轴产生进动力矩，使地球自转轴绕着黄极运动，进动角为 23.5°，进动方向和地球自转方向相反，周期约为 26000 年，这称为日月岁差。它使春分点每年沿黄道西退约 50.37″。此外，行星对地球的引力会造成地球轨道面的旋转，也会引起春分点的移动(但不引起地轴的进动)，这称为行星岁差。它使春分点每年沿赤道向赤经增加方向移动 0.13″。显然，如果取春分点的方向作为直角坐标系的 X 轴方向，则 X 轴的方向就是随时间而变化的。

除了月球运行轨道面(白道面)和太阳周年视运动的轨道面(黄道面)不重合外，它们有时在赤道面之上，有时在赤道面之下，而且月-地、日-地距离也在不断变化。这些因素都使得地球自转轴的进动力矩不断变化，从而使地球自转轴的进动变得极为复杂。进动轨迹可以看成是在平均位置附近做短周期的微小摆动。这种微小的摆动称为章动。章动的半振幅约为 9.2″，周期约为 18.6 年。

为了便于讨论，可以把实际天极的运动简化为两种：一种运动是一个假想天极 P_0 绕黄极沿小圆运动，这个假想天极 P_0 称为平天极，简称平极；另一种运动是实际天极绕平天极 P_0 的运动，实际天极称为真天极 P，简称真极，如图 2.16所示。此时，平极的运动称为岁差，真极绕平极的运动称为章动。这两种运动的合成即真天极在天球上绕黄极的实际运动。

某一瞬间真极对应的天赤道和春分点称为该瞬间的真赤道和真春分点，某一瞬间平极对应的天赤道和春分点称为该瞬间的平赤道和平春分点。

2. 协议天球坐标系

以瞬时 t 的真天极和真春分点为基础建立的天球坐标系称为瞬时真天球坐标

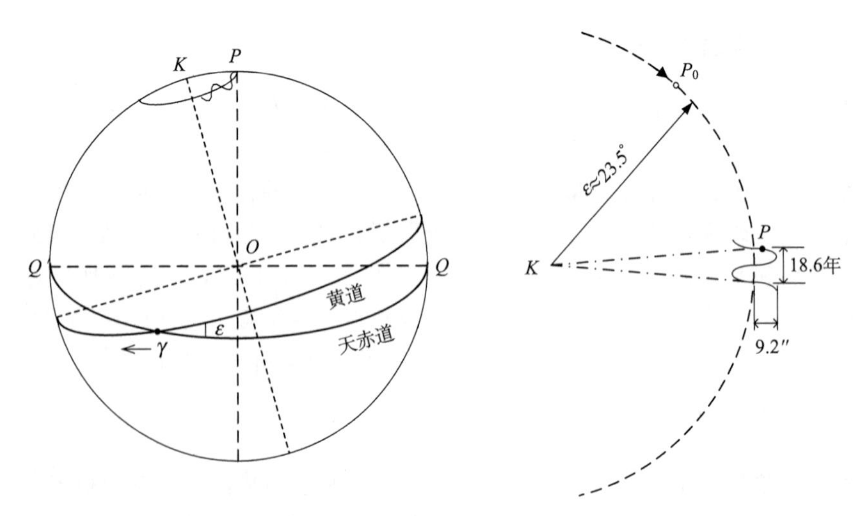

图 2.16　天极的运动(岁差、章动)示意图

系，记为 $O\text{-}X_{CT}Y_{CT}Z_{CT}$；以瞬时 t 的平天极和平春分点为基础建立的天球坐标系称为瞬时平天球坐标系，记为 $O\text{-}X_{M(t)}Y_{M(t)}Z_{M(t)}$。由于岁差和章动的影响，瞬时天球坐标系的轴向是不断变化的，也就是说它是一个不断旋转的非惯性坐标系。在这种坐标系中，不能直接根据牛顿力学定律研究天体的运动规律。

为了建立一个统一的、与惯性坐标系相接近的天球坐标系，通常选择某一时刻 t_0 作为标准历元(历元——天文学术语，常用年的小数表示某一特殊瞬间的时刻，该时刻即称历元)，以此历元的平天极和历元平春分点为基础建立天球坐标系。这样构成的天球坐标系实际上是 t_0 历元的瞬时平天球坐标系，称为标准历元 t_0 平天球坐标系或协议天球坐标系，也称为协议惯性坐标系(Conventional Inertial System，CIS)，记为 $O\text{-}X_{CIS}Y_{CIS}Z_{CIS}$，还称为地心惯性坐标系(Earth-Centered Inertial，ECI)。天体的位置通常都是在该坐标系中表示的。国际大地测量协会和国际天文学联合会决定，以 2000 年 1 月 1.5 日 TDB(太阳系质心力学时，一种抽象的、均匀的时间尺度，月球、太阳和行星的历表都是以它为时间变量)的标准历元的平赤道和平春分点定义的，称为 J2000.0 协议天球坐标系。其定义为：原点位于地球质心，Z_{CIS}轴指向 J2000.0 平天极，X_{CIS}轴指向 J2000.0 平春分点，Y_{CIS}轴与 Z_{CIS}轴、X_{CIS}轴构成右手坐标系。J2000.0 协议天球坐标系是一个地心惯性坐标系(ECI)。

J2000.0 协议天球坐标系到瞬时真天球坐标系的转换通常分为两步：首先，将协议天球坐标系的坐标转换为瞬时平天球坐标系；然后，再将瞬时平天球坐标系的坐标转换为瞬时真天球坐标系。

$$\begin{bmatrix} X \\ Y \\ Z \end{bmatrix}_{CT} = (NR)(PR) \begin{bmatrix} X \\ Y \\ Z \end{bmatrix}_{CIS} \tag{2.30}$$

其中，(PR)为岁差矩阵；(NR)为章动矩阵，且

$$\begin{cases} (PR) = \boldsymbol{R}_3(-Z_A) \cdot \boldsymbol{R}_2(\theta_A) \cdot \boldsymbol{R}_3(-\zeta_A) \\ (NR) = \boldsymbol{R}_1(-\varepsilon_0 - \Delta\varepsilon) \cdot \boldsymbol{R}_3(-\Delta\Psi) \cdot \boldsymbol{R}_1(-\varepsilon_0) \end{cases} \tag{2.31}$$

其中，$\boldsymbol{R}_1$、$\boldsymbol{R}_2$、$\boldsymbol{R}_3$ 为直角坐标系绕 X 轴、Y 轴、Z 轴的旋转变换矩阵，各矩阵中相关参数的定义及计算方法在此不作详细介绍，请读者参考有关书籍。

瞬时真天球坐标系到 J2000.0 协议天球坐标系的转换为

$$\begin{bmatrix} X \\ Y \\ Z \end{bmatrix}_{CIS} = (PR)^{T} (NR)^{T} \begin{bmatrix} X \\ Y \\ Z \end{bmatrix}_{CT} \tag{2.32}$$

2.3　其他常用坐标系

2.3.1　当地水平坐标系

在惯性导航领域，当地水平坐标系通常被称为地理坐标系，它是是惯性导航系统中最常用的坐标系之一，其原点常与载体的质心重合，其中一个坐标轴沿参考椭球法线方向，另一个坐标轴位于垂直于参考椭球法线方向的平面内并沿该点子午线切线指向北，第三个坐标轴指向东并与前两个坐标轴构成右手坐标系。根据坐标轴指向的不同，地水平坐标系的 X、Y、Z 轴的指向可以选为“东北天”(ENU)，如图 2.17(a)所示；或者“北东地”(NED)，如图 2.17(b)所示。当地水平坐标系实际假定了重力矢量方向与参考椭球法线方向重合。

2.3.2　载体坐标系

载体坐标系的原点通常取为载体质心，三个坐标轴分别与载体的纵轴、横轴和竖轴重合，组成右手坐标系。根据坐标轴方向的指向不同，载体坐标系的 x_b 轴、y_b 轴、z_b 轴的指向可以选为“右、前、上”、“前、右、下”等。通常，对于飞机、舰船等载体，取载体坐标系的 x_b 轴沿载体横轴向右、y_b 轴沿载体纵轴向前、z_b 轴沿载体竖轴向上，构成“右前上”的右手直角坐标系，如图 2.18 所示。

2.3.3　载体坐标系与当地水平坐标系的转换

根据载体坐标系和当地水平坐标系之间相对角位置关系，可以定义载体的姿

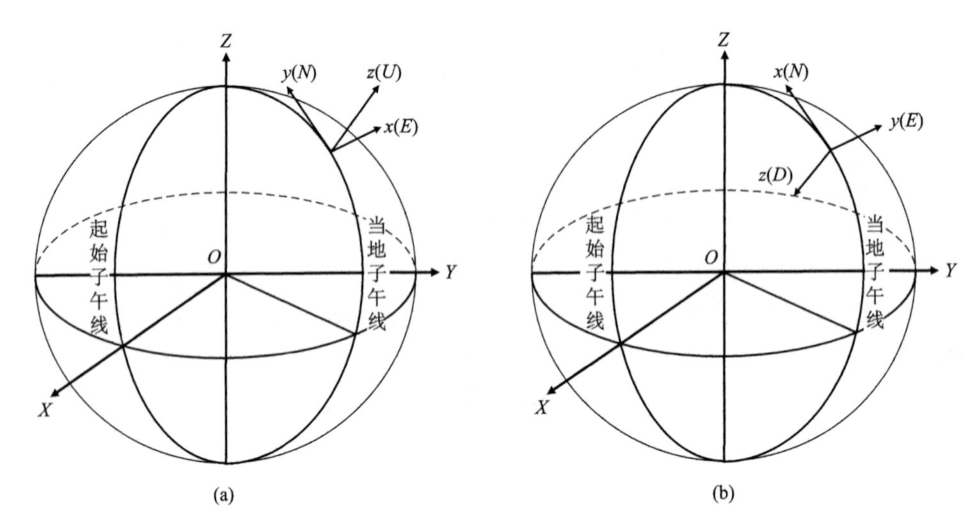

图 2.17 当地水平坐标系示意图

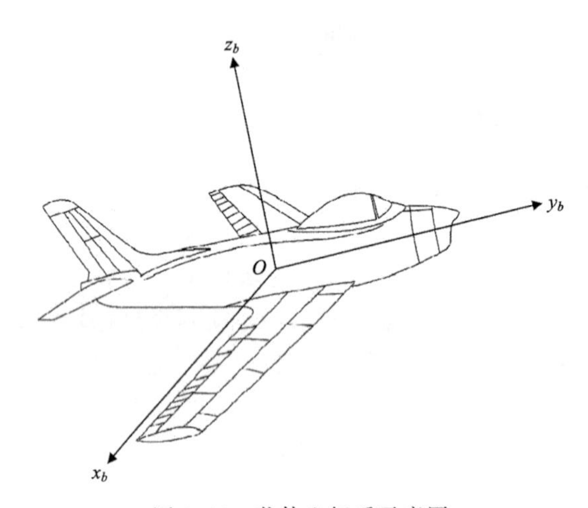

图 2.18 载体坐标系示意图

态角(俯仰角、横滚角和航向角)如下：

(1) 俯仰角(θ)——载体绕横轴转动产生的纵轴与水平面的夹角称为俯仰角，俯仰角以水平面起算，向上为正、向下为负，取值范围为$-90°\sim90°$；

(2) 横滚角(γ)——载体绕纵轴转动产生的横轴与水平面的夹角称为横滚角，横滚角以铅锤面起算，右倾为正、左倾为负，取值范围为$-180°\sim180°$；

(3) 航向角(ψ)——又称偏航角，载体绕竖轴转动产生的纵轴在水平面投影与北方向之间的夹角称为航向角，航向角以北方向起算，顺时针方向计算，取值范围为$0°\sim360°$。

图 2.19 所示载体的俯仰角、横滚角和航向角均为正值情况。

如果知道载体姿态角，就可以进行当地水平坐标系与载体坐标系的坐标转换，如图 2.19 所示，当地水平坐标系与载体坐标系的三个姿态角(俯仰、横滚和航向)分别为(θ，γ，ψ)时，当地水平坐标系的坐标到载体坐标系的坐标转换为

$$\begin{bmatrix} x \\ y \\ z \end{bmatrix}_b = \boldsymbol{C}_g^b \begin{bmatrix} x \\ y \\ z \end{bmatrix}_g \tag{2.33}$$

其中

$$\begin{aligned} \boldsymbol{C}_g^b &= \boldsymbol{R}_2(\gamma) \cdot \boldsymbol{R}_1(\theta) \cdot \boldsymbol{R}_3(-\psi) \\ &= \begin{bmatrix} \cos\gamma\cos\psi + \sin\gamma\sin\theta\sin\psi & -\cos\gamma\sin\psi + \sin\gamma\sin\theta\cos\psi & -\sin\gamma\cos\theta \\ \cos\theta\sin\psi & \cos\theta\cos\psi & \sin\theta \\ \sin\gamma\cos\psi - \cos\gamma\sin\theta\sin\psi & -\sin\gamma\cos\psi - \cos\gamma\sin\theta\cos\psi & \cos\gamma\cos\theta \end{bmatrix} \end{aligned} \tag{2.34}$$

其中，$\boldsymbol{R}_1$、$\boldsymbol{R}_2$、$\boldsymbol{R}_3$ 为直角坐标系绕 x_b 轴、y_b 轴、z_b 轴的旋转变换矩阵。

反之，如果知道矩阵 $\boldsymbol{C}_g^b$，也可以计算得到载体的姿态角(θ，γ，ψ)，具体计算过程读者可查阅相关参考书籍和文献。

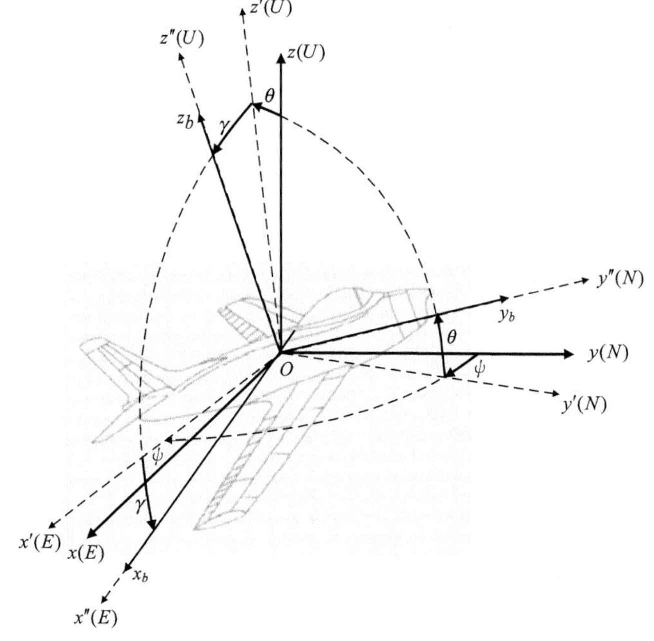

图 2.19　载体坐标系和当地水平坐标系之间相对角位置关系示意图

2.4 时间系统

“时间”一词包括两层含义：一是一个具有确定起点的时间坐标轴上某一点的时刻；二是时间间隔。与时间有关的一个量是周期，在人们生活中有许多熟悉的周期现象，如日出日落或者地球的自转、一年四季的更替或地球的公转、单摆或平衡轮的摆动、电子学中的电磁振荡等。周期的定义是事物在运动、变化过程中，某些特征多次重复出现，其连续两次出现所经过的时间，通常记为 T；频率是指单位时间内周期过程重复、循环或振动的次数，通常记为 f。周期和频率互为倒数关系，周期的基本单位为秒(s)，频率的基本单位为赫兹(Hz)。

为了精确测量时间，必须采用一种公认的、具有权威性的时间测量设备和方法作为时间测量的基础。而在选择时间基准时应该考虑以下两个方面的原则。

(1) 作为时间基准的周期运动具有重复性。在地球上的任何地方、任何时候，该基准所给出的运动周期都能够通过观测或一定的实验予以复现并可付诸应用。

(2) 作为时间基准的周期运动具有稳定性。在不同的时间段中，该基准所给出的运动周期必须是相同的，不能因为外界条件的变化而有过大的变化。

当然，时间基准的重复性和稳定性不可能是绝对的，而是针对一定精度指标要求而言。在某个历史阶段，它是人类科学技术水平所能达到的最好值。随着科学技术的发展以及新方法的不断出现，人类依据这两条原则在不断寻找新的时间基准。

到目前为止，依据物质运动的不同形式，概括起来有三大类时间基准，或者说计量时间系统：以地球自转运动为依据建立的计时系统，称为世界时；以地球公转运动为依据建立的计时系统，称为历书时；以原子内部电子能级跃迁时辐射电磁波的振荡频率为依据建立的计时系统，称为原子时。本节介绍导航定位技术中常涉及的世界时系统和原子时系统。

2.4.1 世界时系统

在时间计量中，一般用周期性运动作为测量的基准，并要求这种周期性运动必须是均匀的、连续的，以保证时间具有一定的精确度。地球的自转运动在一定精度范围内是非常稳定的，具有连续、均匀的特点，且与人类的生产活动和日常生活有极其密切的关系，所以人们很自然地把地球自转作为时间测量的基准，由此形成了世界时系统。由于所选空间参考点不同，由观察地球自转运动所产生的世界时系统又分为恒星时和平太阳时。

1. 恒星时

人们从直观上总觉得所有天体都有东升西落的运动，天体的这种每天有规律的重复出现的运动称为天体的周日视运动，它实际是地球自转的反映。地球每天绕其自转轴自西向东旋转一周。

以春分点 γ 为参考点，由春分点的周日视运动所确定的时间称为恒星时，记为 s。春分点连续两次经过本地子午圈(连续两次上中天)的时间间隔为一恒星日，每一恒星日等分成 24 个恒星小时，每一恒星小时等分成 60 恒星分，每一恒星分等分成 60 恒星秒。

恒星时在数值上等于春分点 γ 的时角 t_r，即 $s=t_r$。但由于春分点不是一个实际的天体，所以需要通过观测恒星来推求春分点的位置，即春分点的时角 t_r 等于任意一颗恒星 σ 的时角 t 与其赤经 α 之和，即 $t_r=t+\alpha$，如图 2.20 所示。

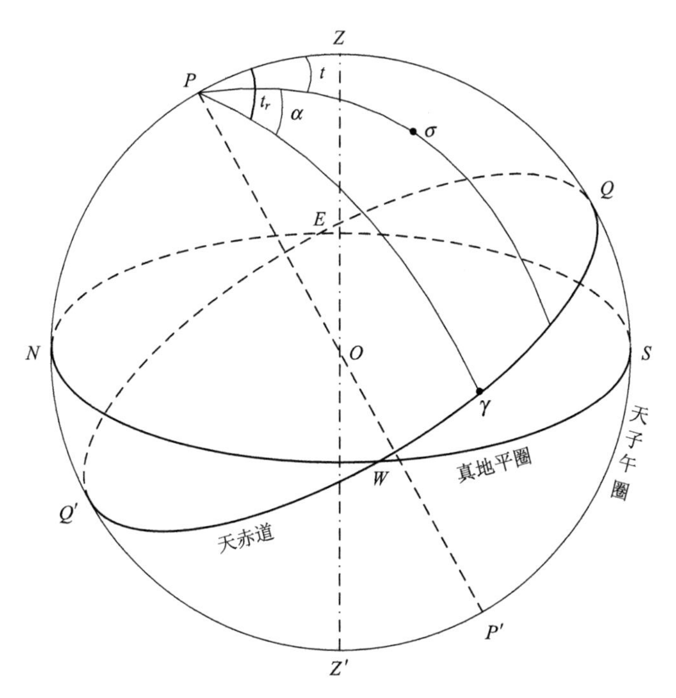

图 2.20　恒星时与春分点的时角关系示意图

因为恒星时是以春分点相对于本地子午圈时为原点计算的，同一瞬间不同测站的恒星时各异，所以恒星时具有地方性，有时也称为地方恒星时。

恒星时是以地球自转为基础并与地球的自转角度相对应的时间系统。若春分点在天球上的位置保持不变，则一恒星日自然是地球的真实自转周期。在过去很长时期内，人们认为地球自转是十分均匀而稳定的。事实上，由于岁差和章动的影响，春分点在天球上的位置也是有缓慢变化的。

2. 平太阳时

以太阳视圆面中心为参考点，由它的周日视运动来确定时间称为真太阳时，地球相对于太阳自转一周的时间(连续两次上中天的时间间隔)称为真太阳日。显然，真太阳时就是太阳视圆面中心的时角，但是为了照顾人们的生产生活习惯，实际上把真太阳时定义为“太阳视圆面中心时角＋12 小时”。

地球绕太阳公转的轨道面为黄道面、轨道为椭圆，因此使得真太阳日不是很均匀的，而是长短不一，在一年中最长和最短的真太阳日相差 51s，显然真太阳日不能用来作为计量时间的单位。为了弥补这一缺陷，天文学家假想了一个点，其在黄道上视运动速度是均匀的，为真太阳视运动的全年平均值，同时假想一个在天赤道上做等速运动的点，其运动速度与黄道上的假想点相同，且与后者同时通过春分点。这个在天赤道上的第二假想点称为平太阳。平太阳在天赤道上的周日视运动是均匀的。

以平太阳为参考点，由它的周日视运动所确定的时间称为平太阳时 m。平太阳上中天的时刻称为平正午，下中天的时刻称为平子夜。地球相对平太阳自转一周(平太阳连续两次下中天)的时间间隔为一个平太阳日，一个平太阳日可等分为 24 个平太阳小时，一个平太阳小时可等分为 60 个平太阳分，一个平太阳分可等分为 60 个平太阳秒。平太阳时与日常生活中使用的时间系统(即民用时)是一致的，通常钟表所指示的时刻正是平太阳时刻。

由于平太阳时是从下中天开始计量，所以平太阳时 m 等于平太阳时角 t_m 加上 12 小时，即 $m=t_m+12^h$。但是，平太阳是天球上的一个假想点，也无法直接观测，因此我们不能直接得到平太阳时，而是先通过观测得到恒星时，然后再换算为平太阳时。

通过一个恒星日和一个平太阳日之间的转换关系，可以建立恒星时和平太阳时的换算关系。地球除自转外，还有绕太阳的公转，相应地，平太阳除周日视运动外，还有周年视运动，且周年视运动与周日视运动方向相反。平太阳沿天赤道做周年视运动，连续两次过春分点的时间间隔为一个回归年，天文学长期测量表明：一个回归年长度等于 365.2422 个平太阳日。

假定在某一瞬间，平太阳和春分点同时在某地的上中天，如图 2.21(a)所示。当地球旋转一周后，春分点再次上中天且完成一个恒星日，但这时平太阳由于周年视运动还未上中天，地球必须再转过一个角度，平太阳才上中天并完成一个平太阳日，如图 2.21(b)所示。因此，一个平太阳日中，地球相对平太阳转动了一圈，而在相同的时间内，地球相对春分点的转动比 360°多一点。

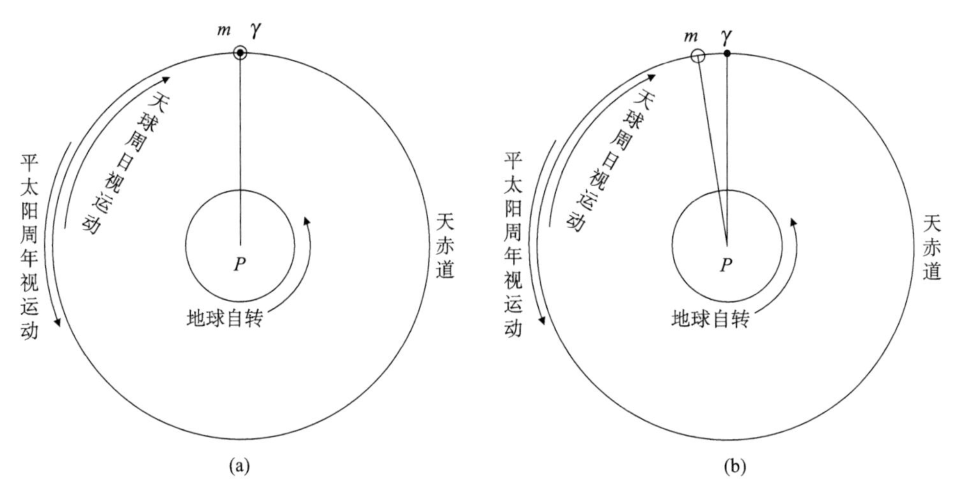

图 2.21　平太阳日与恒星日关系示意图

经推算可以得到如下结论：在一个回归年内，假如平太阳上中天 n 次，则春分点上中天应为 $n+1$ 次。也就是说，如果一个回归年有 365.2422 个平太阳日，就有 366.2422 个恒星日，即有

$$1\text{ 回归年}=365.2422\text{ 平太阳日}=366.2422\text{ 恒星日}$$

那么

$$1\text{ 平太阳日}=\frac{366.2422}{365.2422}\text{ 恒星日}=\left(1+\frac{1}{365.2422}\right)\text{恒星日}$$

令

$$\mu=\frac{1}{365.2422}=0.0027379093$$

则

$$1\text{ 平太阳日}=(1+\mu)\text{ 恒星日}$$

世界时计时系统是以天体(或虚拟天体)过本地中天为参考，由于全球不同地点的天子午圈不同，所以该计时系统具有地方性，称为地方时系统。格林尼治的地方平太阳时称为世界时，记为 UT(Universal Time)。

世界时是以地球自转为基础的计时系统。但是，实际上地球的自转是不均匀的，它包括了长期变化、季节性变化和不规则变化。为了消除或减小这些变化对世界时系统的影响，将不加任何修正(恒星时化为平太阳时的修正除外)通过观测恒星直接求得的世界时记为 UT0。对 UT0 进行极移修正得到的世界时记为 UT1，在 UT1 基础上对地球自转速率周期变化进行修正得到的世界时记为 UT2。

2.4.2　原子时系统

由于地球季节性变化及其他不规则的变化，人们发现世界时并不是一个很严格均匀的时间基准，同时，随着科学技术的发展，对时间系统准确度和稳定度要求的不断提高，从 20 世纪 50 年代开始，人们建立了精度和稳定性更高的、以物质内部原子运动的特征为基础的原子时系统。

1. 原子时

研究发现，原子内部的电子在能级之间跃迁所辐射或吸收的电磁波，其频率具有很高的稳定性和复现性。因此，在 1967 年第十三届国际度量衡会议上通过决议，给出了原子时秒长的定义：位于海平面上的铯原子 Cs^{133} 基态的两个超精细能级在零磁场中跃迁辐射振荡 9192631770 周所持续的时间为 1 原子时秒。该原子时秒作为国际制(SI)时间单位。目前，国际上大约有 100 台原子钟，通过相互比对，并经数据处理推算出统一的原子时系统，称为国际原子时(International Atomic Time，TAI)。

2. 协调世界时

原子时是秒长均匀、稳定度很高的时间系统，它的出现满足了高精度时间频率用户对时间均匀性和准确性的需求。但是，由于它与地球自转无关，原子时的时刻没有实际的物理意义，而许多的实际应用领域却涉及地球瞬时位置的计算，此时世界时便具有实际应用的价值。这种不同用户的需求产生了原子时与世界时如何协调的问题。为了兼顾世界时时刻和原子时秒长两者的需要，人们将两者结合，建立了一种折中的时间系统，称为协调世界时(Universal Time Coordinated System，UTC)。

根据国际规定，协调世界时的秒长严格等于原子时的秒长，采用闰秒(或跳秒)的办法，使协调世界时与世界时 UT1 的时刻尽量接近。当协调世界时与世界时 UT1 的时刻差超过±0.9s 时，便在协调世界时中引入一闰秒(正或负)，闰秒的时间定在 12 月 31 日或 6 月 30 日末加入，也就是说使 UTC 在 12 月 31 日或 6 月 30 日的最后一分钟为 61s 或 59s。闰秒的具体日期由国际地球自转服务局(IERS)确定并通告。

3. 卫星导航系统时

对于卫星导航系统而言，它的时间系统是其最基本和最重要的基准，准确而稳定的系统时间是卫星导航系统工作的保障条件之一。卫星导航系统时是卫星导航定位系统建立的一个时间系统，每个卫星导航系统都有自己专门的系统时间，它是由系统内部的许多原子频标的输出，经过综合处理后产生的。因此，卫星导航系统时属于原子时系统。卫星导航系统时与协调世界时 UTC 存在一定转换关系，便于进行国际标准时间信息的获取、传递与使用。导航定位卫星发播的导航定位信号的时间都是基于它的卫星导航系统时。

GPS 系统时(GPS 时或 GPST)采用国际单位制(SI)秒为基本单位连续累计，GPS 时以“GPS 星期(周)”和“星期(周)内秒”的方式表示，从 1980 年 1 月 6 日子夜零点(UTC)起算，不作闰秒(跳秒)调整。由于协调世界时有闰秒和系统内部原子频标的稳定性因素，GPS 时与 UTC 存在差异，它们的差值通过 GPS 系统的地面主控站进行监测并随卫星导航电文发播给用户。利用这个差值，用户可以方便地计算出 UTC 时间，为人们的工作和生活提供时间服务。

GLONASS 系统时与 GPS 系统时采用原子时不同，它采用 UTC 作为时间基准，因此 GLONASS 系统时存在跳秒，它与格林尼治标准时间 UTC 相差一个 3 小时的常值偏差以及由 GLONASS 系统内部原子频标产生的差异。GLONASS 系统时与 UTC 的差异也是由其地面主控站进行监测并通过卫星导航电文播报给用户。

北斗卫星导航系统的时间基准称为北斗时(BDT)。北斗时的定义与上述的 GPS 时基本一致，同样采用周和周内秒计数，只是起始历元为 2006 年 1 月 1 日协调世界时(UTC)00 时 00 分 00 秒。BDT 通过 UTC(NTSC)与国际 UTC 建立联系，BDT 与 UTC 的偏差保持在 100ns 以内。同样，BDT 与 UTC 存在的差异信息在导航电文中播报。

随着全球卫星导航系统的增多和日益完善，组合使用这些系统可以提供更加可靠的导航服务，时间参考则是其中的复杂问题之一，两个系统时间的偏差将在组合导航设备的测量之间引起偏差，进而导致用户位置和时间解算的误差。解决该问题的方法是将两个系统时间参考到同一个时间尺度上来确定两个系统时间的差异。

第3章 惯性导航基础

惯性传感器(包括陀螺与加速度计)是惯性导航系统的核心元件，其中陀螺用于敏感或者测量载体相对惯性空间的转动，加速计则用于在陀螺提供的参考坐标系中测量载体的加速度。在学习和应用惯性传感器以及惯性导航系统的过程中，将涉及许多运动学和动力学等物理学概念，本章重点介绍其中的一些主要基础知识，包括刚体在空间角位置的表示方法、刚体的动量矩、复合运动中加速度合成与分解、舒勒摆以及 Sagnac 效应等。

3.1 刚体在空间角位置的表示

假设刚体上有一个与其固连的坐标系，刚体上的点对于固连坐标系没有相对运动。当选择一个空间参考坐标系后，只要刚体的固连坐标系相对参考坐标系的位置确定了，刚体在空间的角位置也就确定了。此时，刚体在空间的角位置可以用与刚体固连的坐标系相对于参考坐标系的角度关系来表示。获取该角度关系的方法就是刚体在空间角位置的表示方法，常用的有方向余弦法和欧拉角法。

3.1.1 方向余弦表示法

设参考坐标系与刚体固连的坐标系在初始时刻重合，当刚体固连的坐标系相对参考坐标系作一次或多次旋转后，刚体固连的坐标系到达空间某一位置，参考坐标系通常被称为固定坐标系，刚体固连坐标系则被称为动坐标系，它们之间的相互位置关系可用方向余弦矩阵表示。

任意两个坐标轴之间夹角的余弦称为方向余弦，如图 3.1 所示，$o\text{-}x_1y_1z_1$ 和 $o\text{-}x_2y_2z_2$ 是两个共原点的坐标系，它们各坐标轴的单位向量分别为($\boldsymbol{i}_1$，$\boldsymbol{j}_1$，$\boldsymbol{k}_1$)和($\boldsymbol{i}_2$，$\boldsymbol{j}_2$，$\boldsymbol{k}_2$)。以 c_{11} 表示 x_1 轴与 x_2 轴之间的方向余弦，它等于沿 x_1 轴和 x_2 轴的单位向量 $\boldsymbol{i}_1$ 和 $\boldsymbol{i}_2$ 的点乘(数量积)，即

$$c_{11}=\cos(x_1, x_2)=\boldsymbol{i}_1\cdot\boldsymbol{i}_2$$

两个坐标系的其他轴与轴之间的方向余弦可以此类推计算得到。具有同一原点的两个直角坐标系坐标轴之间存在 9 个方向余弦值，它们组成的矩阵称为方向余弦矩阵。两个坐标系间的 9 个方向余弦值分别是

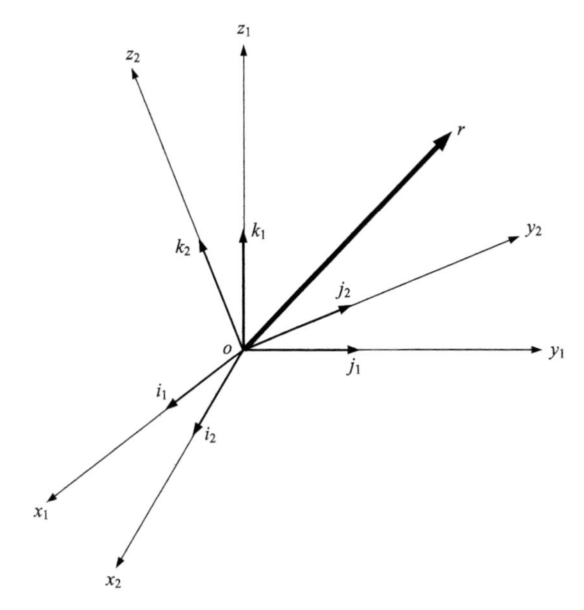

图 3.1　动坐标系相对参考坐标系的角位置关系示意图

$$\begin{cases} c_{11}=\boldsymbol{i}_1\cdot\boldsymbol{i}_2, & c_{12}=\boldsymbol{i}_1\cdot\boldsymbol{j}_2, & c_{13}=\boldsymbol{i}_1\cdot\boldsymbol{k}_2 \\ c_{21}=\boldsymbol{j}_1\cdot\boldsymbol{i}_2, & c_{22}=\boldsymbol{j}_1\cdot\boldsymbol{j}_2, & c_{23}=\boldsymbol{j}_1\cdot\boldsymbol{k}_2 \\ c_{31}=k_1\cdot\boldsymbol{i}_2, & c_{32}=\boldsymbol{k}_1\cdot\boldsymbol{j}_2, & c_{33}=\boldsymbol{k}_1\cdot\boldsymbol{k}_2 \end{cases} \tag{3.1}$$

其矩阵形式为

$$\begin{bmatrix} c_{11} & c_{12} & c_{13} \\ c_{21} & c_{22} & c_{23} \\ c_{31} & c_{32} & c_{33} \end{bmatrix}=\begin{bmatrix} \boldsymbol{i}_1\cdot\boldsymbol{i}_2 & \boldsymbol{i}_1\cdot\boldsymbol{j}_2 & \boldsymbol{i}_1\cdot\boldsymbol{k}_2 \\ \boldsymbol{j}_1\cdot\boldsymbol{i}_2 & \boldsymbol{j}_1\cdot\boldsymbol{j}_2 & \boldsymbol{j}_1\cdot\boldsymbol{k}_2 \\ \boldsymbol{k}_1\cdot\boldsymbol{i}_2 & \boldsymbol{k}_1\cdot\boldsymbol{j}_2 & \boldsymbol{k}_1\cdot\boldsymbol{k}_2 \end{bmatrix} \tag{3.2}$$

式(3.2)即为方向余弦矩阵。

用方向余弦矩阵可表示两个直角坐标系之间的相对位置，也可用来完成空间点或向量在这两个坐标系之间的转换。

设有一向量 $\boldsymbol{r}$ 在 $o\text{-}x_1y_1z_1$ 和 $o\text{-}x_2y_2z_2$ 中的解析表达式分别为

$$\boldsymbol{r}=x_1\boldsymbol{i}_1+y_1\boldsymbol{j}_1+z_1\boldsymbol{k}_1 \tag{3.3}$$

$$\boldsymbol{r}=x_2\boldsymbol{i}_2+y_2\boldsymbol{j}_2+z_2\boldsymbol{k}_2 \tag{3.4}$$

在式(3.3)和式(3.4)中，(x_1, y_1, z_1)和(x_2, y_2, z_2)分别表示 $\boldsymbol{r}$ 在 $o\text{-}x_1y_1z_1$ 坐标系和 $o\text{-}x_2y_2z_2$ 坐标系上的投影。由于式(3.3)和式(3.4)表示的是同一向量，因此有

$$x_1\boldsymbol{i}_1+y_1\boldsymbol{j}_1+z_1\boldsymbol{k}_1=x_2\boldsymbol{i}_2+y_2\boldsymbol{j}_2+z_2\boldsymbol{k}_2 \tag{3.5}$$

依次将式(3.5)两边乘以$\boldsymbol{i}_1$、$\boldsymbol{j}_1$、$\boldsymbol{k}_1$，并利用式(3.1)中的关系，可得

$$\begin{cases} x_1 = c_{11}x_2 + c_{12}y_2 + c_{13}z_2 \\ y_1 = c_{21}x_2 + c_{22}y_2 + c_{23}z_2 \\ z_1 = c_{31}x_2 + c_{32}y_2 + c_{33}z_2 \end{cases} \tag{3.6}$$

写成矩阵形式为

$$\begin{bmatrix} x_1 \\ y_1 \\ z_1 \end{bmatrix} = \begin{bmatrix} c_{11} & c_{12} & c_{13} \\ c_{21} & c_{22} & c_{23} \\ c_{31} & c_{32} & c_{33} \end{bmatrix} \begin{bmatrix} x_2 \\ y_2 \\ z_2 \end{bmatrix} \tag{3.7}$$

式(3.7)即为向量$\boldsymbol{r}$从坐标系$o\text{-}x_2y_2z_2$到坐标系$o\text{-}x_1y_1z_1$的转换公式，对应的转换矩阵为

$$\boldsymbol{C}_2^1 = \begin{bmatrix} c_{11} & c_{12} & c_{13} \\ c_{21} & c_{22} & c_{23} \\ c_{31} & c_{32} & c_{33} \end{bmatrix} \tag{3.8}$$

比较式(3.8)与式(3.2)，可以看出矩阵$\boldsymbol{C}_2^1$即为“方向余弦矩阵”，式(3.7)可简化为

$$\boldsymbol{r}^1 = \boldsymbol{C}_2^1 \boldsymbol{r}^2 \tag{3.9}$$

式中，$\boldsymbol{r}^1$为$\boldsymbol{r}$在$o\text{-}x_1y_1z_1$坐标系的向量表达式；$\boldsymbol{r}^2$为$\boldsymbol{r}$在$o\text{-}x_2y_2z_2$坐标系的向量表达式。

例如，在t_1时刻，坐标系$o\text{-}x_1y_1z_1$与坐标系$o\text{-}x_2y_2z_2$重合，在t_2时刻$o\text{-}x_2y_2z_2$相对$o\text{-}x_1y_1z_1$绕(z_1/z_2)轴顺时针转过α角，此时的方向余弦矩阵为

$$\boldsymbol{C}_2^1 = \begin{bmatrix} c_{11} & c_{12} & c_{13} \\ c_{21} & c_{22} & c_{23} \\ c_{31} & c_{32} & c_{33} \end{bmatrix} = \begin{bmatrix} \cos(x_1, x_2) & \cos(x_1, y_2) & \cos(x_1, z_2) \\ \cos(y_1, x_2) & \cos(y_1, y_2) & \cos(y_1, z_2) \\ \cos(z_1, x_2) & \cos(z_1, y_2) & \cos(z_1, z_2) \end{bmatrix}$$
$$= \begin{bmatrix} \cos\alpha & -\sin\alpha & 0 \\ \sin\alpha & \cos\alpha & 0 \\ 0 & 0 & 1 \end{bmatrix} \tag{3.10}$$

若已知t_2时刻向量$\boldsymbol{r}$在$o\text{-}x_2y_2z_2$中的表达式为

$$\boldsymbol{r}^2 = \begin{bmatrix} 2 \\ 1 \\ 3 \end{bmatrix} \tag{3.11}$$

则 t_2 时刻向量 $\boldsymbol{r}$ 在 $o\text{-}x_1y_1z_1$ 中的表达式 $\boldsymbol{r}^1$ 为

$$\boldsymbol{r}^1=\begin{bmatrix}\cos\alpha & -\sin\alpha & 0\\ \sin\alpha & \cos\alpha & 0\\ 0 & 0 & 1\end{bmatrix}\begin{bmatrix}2\\1\\3\end{bmatrix}=\begin{bmatrix}2\cos\alpha-\sin\alpha\\ 2\sin\alpha+\cos\alpha\\ 3\end{bmatrix} \tag{3.12}$$

方向余弦矩阵具有以下性质。

1）方向余弦矩阵为正交矩阵

所谓正交矩阵是指该矩阵的逆矩阵等于它自身的转置矩阵。参照上述方向余弦矩阵的构造方法，可以得到向量 $\boldsymbol{r}$ 从坐标系 $o\text{-}x_1y_1z_1$ 变换到坐标系 $o\text{-}x_2y_2z_2$ 的方向余弦矩阵 $\boldsymbol{C}_1^2$ 为

$$\boldsymbol{C}_1^2=\begin{bmatrix}c_{11} & c_{21} & c_{31}\\ c_{12} & c_{22} & c_{32}\\ c_{13} & c_{23} & c_{33}\end{bmatrix} \tag{3.13}$$

比较 $\boldsymbol{C}_2^1$ 与 $\boldsymbol{C}_1^2$ 可以发现，$\boldsymbol{C}_2^1$ 与 $\boldsymbol{C}_1^2$ 互为转置矩阵，即

$$\boldsymbol{C}_2^1=[\boldsymbol{C}_1^2]^{\mathrm{T}} \text{ 或 } \boldsymbol{C}_1^2=[\boldsymbol{C}_2^1]^{\mathrm{T}}$$

由于

$$\boldsymbol{r}^1=[\boldsymbol{C}_1^2]^{\mathrm{T}}\boldsymbol{r}^2 \tag{3.14}$$

又有

$$\boldsymbol{r}^2=\boldsymbol{C}_1^2\boldsymbol{r}^1$$

将上式两边同时左乘 $\boldsymbol{C}_1^2$ 的逆矩阵 $[\boldsymbol{C}_1^2]^{-1}$，得到

$$[\boldsymbol{C}_1^2]^{-1}\boldsymbol{r}^2=[\boldsymbol{C}_1^2]^{-1}\boldsymbol{C}_1^2\boldsymbol{r}^1 \tag{3.15}$$

即

$$[\boldsymbol{C}_1^2]^{-1}\boldsymbol{r}^2=\boldsymbol{r}^1 \tag{3.16}$$

比较式(3.14)和式(3.16)，得到

$$[\boldsymbol{C}_1^2]^{-1}=[\boldsymbol{C}_1^2]^{\mathrm{T}} \tag{3.17}$$

由此得到方向余弦矩阵的正交性质。正交矩阵在求逆时，只要将其简单地进行转置便可得到。

2）方向余弦矩阵的 9 个元素中只有 3 个元素是独立的

将式(3.17)两边同时左乘 $\boldsymbol{C}_1^2$，得到

$$\boldsymbol{C}_1^2\ [\boldsymbol{C}_1^2]^{-1}=\boldsymbol{C}_1^2\ [\boldsymbol{C}_1^2]^{\mathrm{T}}=\boldsymbol{I} \tag{3.18}$$

利用 $\boldsymbol{C}_1^2$ 的各元素进行矩阵乘法计算，得到

$$\begin{bmatrix} c_{11}^2+c_{12}^2+c_{13}^2 & c_{11}c_{21}+c_{12}c_{22}+c_{13}c_{23} & c_{11}c_{31}+c_{12}c_{32}+c_{13}c_{33} \\ c_{21}c_{11}+c_{22}c_{12}+c_{23}c_{13} & c_{21}^2+c_{22}^2+c_{23}^2 & c_{21}c_{31}+c_{22}c_{32}+c_{23}c_{33} \\ c_{31}c_{11}+c_{32}c_{12}+c_{33}c_{13} & c_{31}c_{21}+c_{32}c_{22}+c_{33}c_{23} & c_{31}^2+c_{32}^2+c_{33}^2 \end{bmatrix}$$

$$=\begin{bmatrix} 1 & 0 & 0 \\ 0 & 1 & 0 \\ 0 & 0 & 1 \end{bmatrix} \tag{3.19}$$

两个矩阵相等意味着矩阵的各对应元素相等。从式(3.19)可得到 9 个等式，但由于对称关系，其中只有 6 个等式是独立的，它们是

$$\begin{cases} c_{11}^2+c_{12}^2+c_{13}^2=1 \\ c_{21}^2+c_{22}^2+c_{23}^2=1 \\ c_{31}^2+c_{32}^2+c_{33}^2=1 \\ c_{11}c_{21}+c_{12}c_{22}+c_{13}c_{23}=0 \\ c_{11}c_{31}+c_{12}c_{32}+c_{13}c_{33}=0 \\ c_{21}c_{31}+c_{22}c_{32}+c_{23}c_{33}=0 \end{cases} \tag{3.20}$$

式(3.20)说明，方向余弦矩阵中的 9 个元素必须满足上述 6 个关系式，因此，9 个元素中只有 3 个元素是独立的。

一般情况下，对于任意两个坐标系之间的转换关系，可以通过一个或一个以上的中间坐标系来表示，方向余弦矩阵变换的一般公式为

$$\boldsymbol{C}_n^1=\boldsymbol{C}_2^1\boldsymbol{C}_3^2\cdots\boldsymbol{C}_{n-1}^{n-2}\boldsymbol{C}_n^{n-1} \tag{3.21}$$

利用式(3.21)，复杂的方向余弦计算可以化为一系列简单的方向余弦矩阵的连乘积。需要注意的是，按照上述关系式进行计算时，矩阵相乘的次序是不能交换的。

例如，如图 3.2 所示，地球以自转角速度 ω_e 绕地球自转轴旋转，将地球近似为圆球，以地球上某一点 o（经度和纬度分别为 λ、φ）为原点建立坐标系 $o\text{-}x_1y_1z_1$，ox_1 轴指向东，oy_1 轴指向北，oz_1 轴指向天，即构成常用的“东北天坐标系”。与 $o\text{-}x_1y_1z_1$ 重合的坐标系 $o\text{-}x_2y_2z_2$ 绕 oz_1 轴逆时针转过 α 角。

地球自转角速度向量 ω_e 在地球坐标系 $o\text{-}x_ey_ez_e$ 中的分量表达式为

$$\boldsymbol{\omega}_e=\begin{bmatrix} 0 \\ 0 \\ \omega_e \end{bmatrix} \tag{3.22}$$

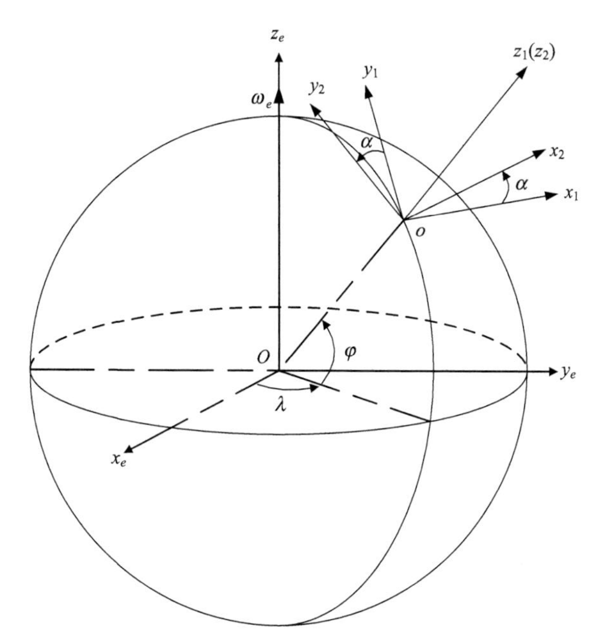

图 3.2　地球自转角速度的投影分量示意图

由 $o\text{-}x_e y_e z_e$ 到 $o\text{-}x_1 y_1 z_1$ 的变换矩阵 $\boldsymbol{C}_e^1$ 为

$$\begin{aligned}\boldsymbol{C}_e^1 &= \begin{bmatrix} 1 & 0 & 0 \\ 0 & \cos(90^\circ - \varphi) & \sin(90^\circ - \varphi) \\ 0 & -\sin(90^\circ - \varphi) & \cos(90^\circ - \varphi) \end{bmatrix} \begin{bmatrix} \cos(\lambda + 90^\circ) & -\sin(\lambda + 90^\circ) & 0 \\ \sin(\lambda + 90^\circ) & \cos(\lambda + 90^\circ) & 0 \\ 0 & 0 & 1 \end{bmatrix} \\ &= \begin{bmatrix} 1 & 0 & 0 \\ 0 & \sin\varphi & \cos\varphi \\ 0 & -\cos\varphi & \sin\varphi \end{bmatrix} \begin{bmatrix} -\sin\lambda & -\cos\lambda & 0 \\ \cos\lambda & -\sin\lambda & 0 \\ 0 & 0 & 1 \end{bmatrix} \\ &= \begin{bmatrix} -\sin\lambda & -\cos\lambda & 0 \\ \cos\lambda\sin\varphi & -\sin\lambda\sin\varphi & \cos\varphi \\ -\cos\lambda\cos\varphi & \sin\lambda\cos\varphi & \sin\varphi \end{bmatrix} \end{aligned} \tag{3.23}$$

由 $o\text{-}x_1 y_1 z_1$ 到 $o\text{-}x_2 y_2 z_2$ 的变换矩阵 $\boldsymbol{C}_1^2$ 为

$$\boldsymbol{C}_1^2 = \begin{bmatrix} \cos\alpha & -\sin\alpha & 0 \\ \sin\alpha & \cos\alpha & 0 \\ 0 & 0 & 1 \end{bmatrix} \tag{3.24}$$

那么，地球自转角速度向量 $\boldsymbol{\omega}_e$ 在 $o\text{-}x_2 y_2 z_2$ 坐标系上的投影分量为

$$\boldsymbol{\omega}_e^2 = \boldsymbol{C}_e^2 \boldsymbol{\omega}_e$$

$$
\begin{aligned}
&= \boldsymbol{C}_1^2\boldsymbol{C}_e^1\boldsymbol{\omega}_e \\
&= \begin{bmatrix} \cos\alpha & -\sin\alpha & 0 \\ \sin\alpha & \cos\alpha & 0 \\ 0 & 0 & 1 \end{bmatrix} \begin{bmatrix} -\sin\lambda & -\cos\lambda & 0 \\ \cos\lambda\sin\varphi & -\sin\lambda\sin\varphi & \cos\varphi \\ -\cos\lambda\cos\varphi & \sin\lambda\cos\varphi & \sin\varphi \end{bmatrix} \begin{bmatrix} 0 \\ 0 \\ \omega_e \end{bmatrix} \\
&= \begin{bmatrix} -\omega_e\cos\varphi\sin\alpha \\ \omega_e\cos\varphi\cos\alpha \\ \omega_e\sin\varphi \end{bmatrix}
\end{aligned}
\tag{3.25}
$$

由于用 9 个方向余弦和 6 个约束方程表示刚体的空间角位置过于烦琐，一般情况下较少采用这种方式，而是直接选定 3 个独立的角度参数来表示刚体的角位置，常用的是欧拉角表示法。

3.1.2 欧拉角表示法

数学家、力学家欧拉(Euler)在 1776 年提出，选用 3 个独立的角度可以用来表示具有一个固定点的刚体相对固定坐标系的角位置。因此，通常将这 3 个独立的角度称为欧拉角。下面仍然通过两个坐标系由重合位置到任意位置的转动来进一步解释欧拉角的概念。

设 $o\text{-}x_ny_nz_n$ 为固定坐标系，$o\text{-}x_by_bz_b$ 为刚体的固连坐标系(动坐标系)。代表刚体角位置的动坐标系从与固定坐标系重合的位置转动到任意位置，可以看成是 $o\text{-}x_by_bz_b$ 经三次绕其坐标轴的有序转动实现，三次转动的角度便是欧拉角。三次转动过程分别为：

(1) 第一次转动绕 z_b^0 轴转过 ψ 角，使 $o\text{-}x_b^0y_b^0z_b^0$ 由最初的与 $o\text{-}x_ny_nz_n$ 重合的位置转到 $o\text{-}x_b^1y_b^1z_b^1$，如图 3.3 所示。经过第一次转动，得到 $o\text{-}x_ny_nz_n$ 与$o\text{-}x_b^1y_b^1z_b^1$ 两坐标系之间的方向余弦矩阵为

$$
\boldsymbol{C}_n^1(\psi) = \begin{bmatrix} \cos\psi & \sin\psi & 0 \\ -\sin\psi & \cos\psi & 0 \\ 0 & 0 & 1 \end{bmatrix} \tag{3.26}
$$

(2) 第二次转动绕 x_b^1 轴转过 θ 角，使 $o\text{-}x_b^1y_b^1z_b^1$ 到达 $o\text{-}x_b^2y_b^2z_b^2$ 位置，如图 3.4所示。经过第二次转动，得到 $o\text{-}x_b^1y_b^1z_b^1$ 与 $o\text{-}x_b^2y_b^2z_b^2$ 两坐标系之间的方向余弦矩阵为

$$
\boldsymbol{C}_1^2(\theta) = \begin{bmatrix} 1 & 0 & 0 \\ 0 & \cos\theta & \sin\theta \\ 0 & -\sin\theta & \cos\theta \end{bmatrix} \tag{3.27}
$$

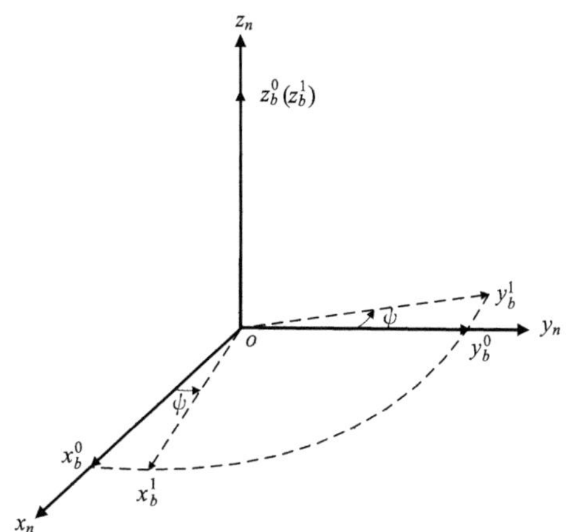

图 3.3　第一次转动绕 z_b^0 轴转过 ψ 角

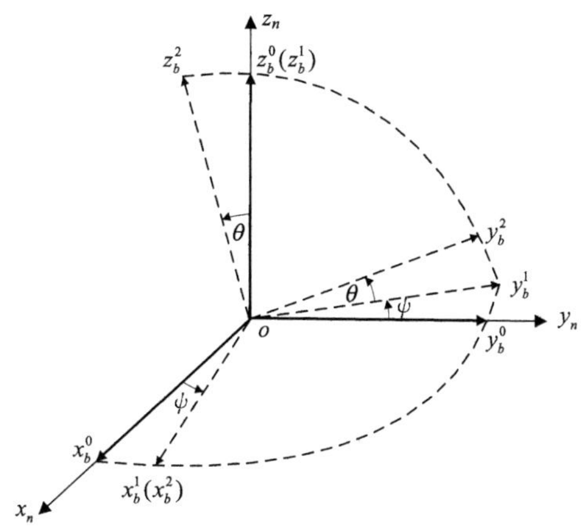

图 3.4　第二次转动绕 x_b^1 轴转过 θ 角

(3) 第三次转动绕 z_b^2 轴转过 φ 角，使 $o\text{-}x_b^2y_b^2z_b^2$ 到达最终位置 $o\text{-}x_by_bz_b$，如图 3.5 所示。这次 $o\text{-}x_b^2y_b^2z_b^2$ 与 $o\text{-}x_by_bz_b$ 两坐标系之间的方向余弦矩阵为

$$C_2^b(\varphi)=\begin{bmatrix}\cos\varphi & \sin\varphi & 0\\ -\sin\varphi & \cos\varphi & 0\\ 0 & 0 & 1\end{bmatrix} \tag{3.28}$$

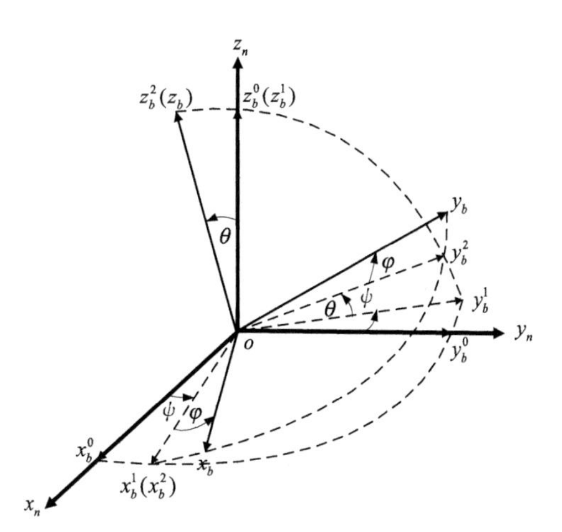

图 3.5　第三次转动绕 z_b^2 轴转过 φ 角

经过上述三次转动，代表刚体位置的动坐标系 $o\text{-}x_by_bz_b$ 可以到达相对于固定坐标系 $o\text{-}x_ny_nz_n$ 的任意位置，三次转动的角度(ψ, θ, φ)就是欧拉角，并规定沿所绕转动轴向坐标原点看，逆时针转动时，角度值为正，反之为负。根据式(3.21)可知，总的转动方向余弦矩阵可由三次转动方向余弦矩阵的乘积求得，即

$$\begin{aligned}C_n^b&=C_2^b(\varphi)C_1^2(\theta)C_n^1(\psi)\\&=\begin{bmatrix}\cos\varphi & \sin\varphi & 0\\ -\sin\varphi & \cos\varphi & 0\\ 0 & 0 & 1\end{bmatrix}\begin{bmatrix}1 & 0 & 0\\ 0 & \cos\theta & \sin\theta\\ 0 & -\sin\theta & \cos\theta\end{bmatrix}\begin{bmatrix}\cos\psi & \sin\psi & 0\\ -\sin\psi & \cos\psi & 0\\ 0 & 0 & 1\end{bmatrix}\end{aligned}$$

$$=\begin{bmatrix} \cos\varphi\cos\psi-\sin\varphi\cos\theta\sin\psi & \cos\varphi\sin\psi+\sin\varphi\cos\theta\cos\psi & \sin\varphi\sin\theta \\ -\sin\varphi\cos\psi-\cos\varphi\cos\theta\sin\psi & -\sin\varphi\sin\psi+\cos\varphi\cos\theta\cos\psi & \cos\varphi\sin\theta \\ \sin\theta\sin\psi & -\sin\theta\cos\psi & \cos\theta \end{bmatrix} \tag{3.29}$$

由图 3.5 可以看出，由 $o\text{-}x_n y_n z_n$ 到 $o\text{-}x_b y_b z_b$ 的三次转动过程由以下关系式表示

$$(o\text{-}x_n y_n z_n)\xrightarrow[z_n(z_b^0)]{\psi}(o\text{-}x_b^1 y_b^1 z_b^1)\xrightarrow[x_b^1]{\theta}(o\text{-}x_b^2 y_b^2 z_b^2)\xrightarrow[z_b^2]{\varphi}(o\text{-}x_b y_b z_b) \tag{3.30}$$

式(3.29)为用欧拉角表示的方向余弦矩阵，可以看出，由于需要进行三角函数的计算，该式还是显得有些烦琐，所以其多用于经典刚体动力学中，其中欧拉角(ψ，θ，φ)是有限的角位移。在陀螺仪表技术中，对于由于高速旋转而具有稳定性的陀螺，代表陀螺位置的动坐标系与参考坐标系之间的角位移经常是小角度，因此，为了避开三角函数的计算，可以把欧拉角(ψ，θ，φ)当成一阶小量，对式(3.29)中的三角函数计算进行线性化处理，即略去二阶以上项，则式(3.29)变为简单形式

$$\boldsymbol{C}_n^b=\begin{bmatrix} 1 & \psi+\varphi & 0 \\ -(\psi+\varphi) & 1 & \theta \\ 0 & -\theta & 1 \end{bmatrix} \tag{3.31}$$

可以看出，式(3.31)出现了合二为一的元素($\psi+\varphi$)，造成矩阵中只有 2 个独立角位移参数，而在描述实际刚体的角位置时，2 个参数是不能唯一确定刚体空间角位置的。

根据通过三次有序转动可获得动坐标系与参考坐标系之间角位置的思想，可以定义出多种转动顺序及其相应的 3 个独立的角度来表示刚体角位置的实现方法，解决针对小角位移情况下，上述欧拉角简单形式不适用于描述刚体的相对角位置的情况。

上面介绍的是传统欧拉角的情况，它是先绕 $z_n(z_b^0)$ 轴转动，再绕 x_b^1 轴转动，最后绕 z_b^2 轴转动得到的。下面改变转动顺序及其欧拉角，取 $o\text{-}x_n y_n z_n$ 为固定坐标系，$o\text{-}x_b y_b z_b$ 为固连于刚体的坐标系，动坐标系三次转动的欧拉角分别用(α，β，γ)表示，以区别于上面的(ψ，θ，φ)。转动过程的关系式为

$$(o\text{-}x_n y_n z_n)\xrightarrow[x_n(x_b^0)]{\alpha}(o\text{-}x_b^1 y_b^1 z_b^1)\xrightarrow[y_b^1]{\beta}(o\text{-}x_b^2 y_b^2 z_b^2)\xrightarrow[z_b^2]{\gamma}(o\text{-}x_b y_b z_b) \tag{3.32}$$

各次转动的位置如图 3.6～图 3.8 所示。

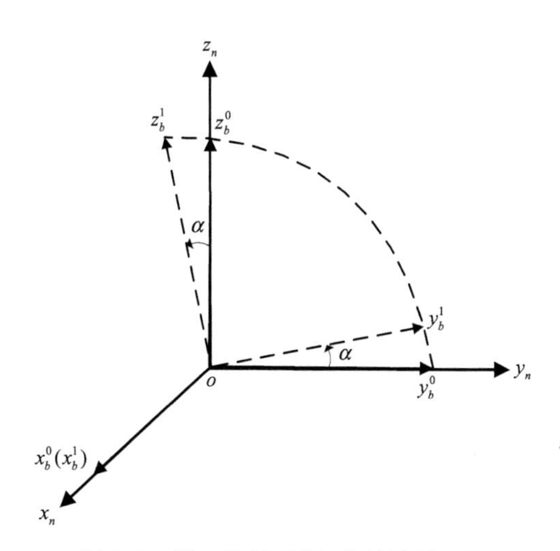

图 3.6　第一次转动绕 x_b^0 轴转过 α 角

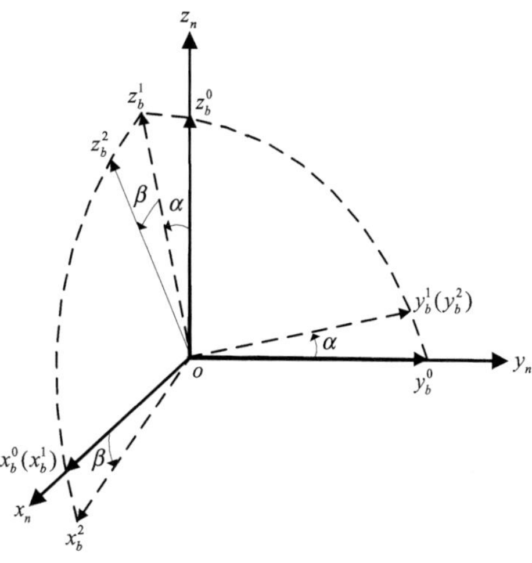

图 3.7　第二次转动绕 y_b^1 轴转过 β 角

各次转动的方向余弦矩阵分别为

$$C_n^1(\alpha)=\begin{bmatrix}1 & 0 & 0\\ 0 & \cos\alpha & \sin\alpha\\ 0 & -\sin\alpha & \cos\alpha\end{bmatrix} \tag{3.33}$$

$$C_1^2(\beta)=\begin{bmatrix}\cos\beta & 0 & -\sin\beta\\ 0 & 1 & 0\\ \sin\beta & 0 & \cos\beta\end{bmatrix} \tag{3.34}$$

$$C_2^b(\gamma)=\begin{bmatrix}\cos\gamma & \sin\gamma & 0\\ -\sin\gamma & \cos\gamma & 0\\ 0 & 0 & 1\end{bmatrix} \tag{3.35}$$

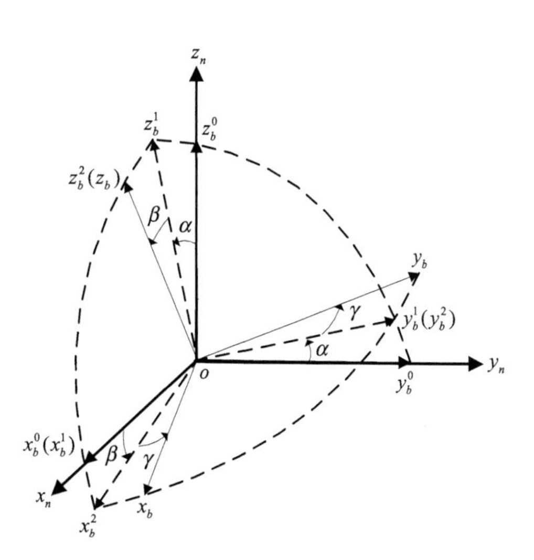

图 3.8　第三次转动绕 z_b^2 轴转过 γ 角

总的转动的方向余弦矩阵可由三次转动的方向余弦矩阵的乘积求得

$$\begin{aligned}C_n^b &= C_2^b(\gamma)\,C_1^2(\beta)\,C_n^1(\alpha)\\ &=\begin{bmatrix}\cos\gamma & \sin\gamma & 0\\ -\sin\gamma & \cos\gamma & 0\\ 0 & 0 & 1\end{bmatrix}\begin{bmatrix}\cos\beta & 0 & -\sin\beta\\ 0 & 1 & 0\\ \sin\beta & 0 & \cos\beta\end{bmatrix}\begin{bmatrix}1 & 0 & 0\\ 0 & \cos\alpha & \sin\alpha\\ 0 & -\sin\alpha & \cos\alpha\end{bmatrix}\\ &=\begin{bmatrix}\cos\beta\cos\gamma & \sin\alpha\sin\beta\cos\gamma+\cos\alpha\sin\gamma & -\cos\alpha\sin\beta\cos\gamma+\sin\alpha\sin\gamma\\ -\cos\beta\sin\gamma & -\sin\alpha\sin\beta\sin\gamma+\cos\alpha\cos\gamma & \cos\alpha\sin\beta\sin\gamma+\sin\alpha\cos\gamma\\ \sin\beta & -\sin\alpha\cos\beta & \cos\alpha\cos\beta\end{bmatrix}\end{aligned} \tag{3.36}$$

对上式中的三角函数进行线性化处理，把(α, β, γ)当成一阶小量，并略去二阶以上项，上式变为简单形式

$$
\boldsymbol{C}_n^b = \begin{bmatrix} 1 & \gamma & -\beta \\ -\gamma & 1 & \alpha \\ \beta & -\alpha & 1 \end{bmatrix} \tag{3.37}
$$

显然，与传统的欧拉角表示的变换矩阵线性化处理后不同，它的9个元素仍然包含了3个独立的参数，因此可以在小角位移情况下唯一地表示刚体空间角位置。

在陀螺仪表技术中经常出现小角位移情况，按照以上顺序转动的3个角度(α, β, γ)也称为卡尔丹角(Cardan Angle)。实际上，卡尔丹角和欧拉角的区别是由选择不同的转动轴和转动顺序得到的，二者没有本质的区别。但选择卡尔丹角的优点是，它可以用简单形式描述小角位移时刚体的相对位置情况。

综上所述，不管是欧拉角还是卡尔丹角，选择不同的旋转轴和不同的旋转顺序，所得到的结果是不一样的。因为总共需要作三次转动，第一次可以选三个坐标轴中的任意一个，第二次可以选第一次未用到的两个坐标轴之一，第三次又可以选第二次未用到的两个坐标轴之一，因此，连续三次转动的组合情况共有12$(3\times2\times2)$种。在这些不同的组合之中，有两种最基本形式，且它们的差别在于：作最后一次转动时，是采用第一次转动用过的轴，还是采用前两次转动都未用到过的轴，即第一种形式是按$z\rightarrow x\rightarrow z$或$x\rightarrow y\rightarrow x$或$y\rightarrow z\rightarrow y$等顺序进行，传统欧拉角便属于这种形式；而第二种形式是按$z\rightarrow x\rightarrow y$或$x\rightarrow y\rightarrow z$或$y\rightarrow z\rightarrow x$等顺序进行，显然卡尔丹角属于这种形式。传统欧拉角和卡尔丹角形成的转动顺序是被广泛采用的用于确定刚体在空间角位置的方法。在实际应用中，常把传统欧拉角和卡尔丹角统称为欧拉角。

3.2 动量矩、动量矩定理及欧拉动力学方程

3.2.1 刚体的转动惯量

质量是衡量质点的运动或者刚体的平动时其惯性大小的物理量。在描述刚体的旋转运动中，刚体转动时惯性的大小用刚体的转动惯量来衡量。物体转动时的惯性度量(或转动惯量)既与该物体的质量有关，又与其质量的分布有关。

设某一刚体绕z轴作定轴转动，如图3.9所示，刚体内每一质点的质量与其至z轴的距离平方的乘积的总和，称为刚体绕z轴的转动惯量J_z。

$$
J_z = \sum_{i=1}^{n} m_i \rho_i^2 \tag{3.38}
$$

其中，m_i为刚体中质点i的质量；ρ_i为质点i到z轴的距离；求和号表示遍及整个刚体。

对于质量连续分布的刚体，则其绕 z 轴的转动惯量可写成体积分的形式，即

$$J_z = \int \rho^2 \mathrm{d}m \tag{3.39}$$

其中，ρ 为单元质量 $\mathrm{d}m$ 至 z 轴的距离；积分域为整个刚体。

在图3.9中，若坐标系 $o\text{-}xyz$ 与刚体固连，则 $\rho^2 = x^2 + y^2$，则式(3.39)可改写为

$$J_z = \int (x^2 + y^2) \mathrm{d}m \tag{3.40}$$

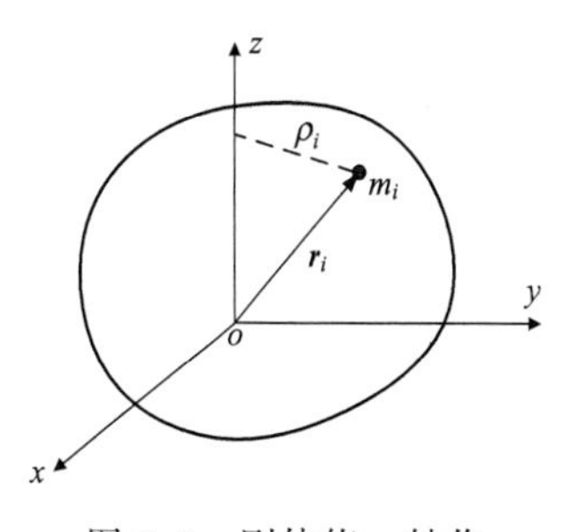

图3.9　刚体绕 z 轴作定轴转动示意图

同理，可求得刚体对 x 轴和 y 轴的转动惯量为

$$\begin{cases} J_x = \int (y^2 + z^2) \mathrm{d}m \\ J_y = \int (x^2 + z^2) \mathrm{d}m \end{cases} \tag{3.41}$$

3.2.2　动量矩及动量矩定理

1. 绕定点转动刚体的动量矩

设刚体以角速度 $\boldsymbol{\omega}$ 绕定点 o 转动，刚体内任意质点 i 的质量为 m_i 且相对 o 点的向径为 $\boldsymbol{r}_i$，则该质点的线速度为

$$\boldsymbol{v}_i = \boldsymbol{\omega} \times \boldsymbol{r}_i \tag{3.42}$$

该质点的动量为

$$m_i \boldsymbol{v}_i = m_i \boldsymbol{\omega} \times \boldsymbol{r}_i \tag{3.43}$$

那么，质点 i 对定点 o 的动量矩 $\boldsymbol{H}_i$ 定义为质点的向径 $\boldsymbol{r}_i$ 与动量 $m_i \boldsymbol{v}_i$ 的向量积，即

$$\boldsymbol{H}_i = \boldsymbol{r}_i \times m_i \boldsymbol{v}_i \tag{3.44}$$

动量矩是一个向量，其方向垂直于 $\boldsymbol{r}_i$ 和 $\boldsymbol{v}_i$ 构成的平面，按照 $\boldsymbol{r}_i$、$\boldsymbol{v}_i$、$\boldsymbol{H}_i$ 的顺序构成右手定则。

对于绕固定点 o 转动的刚体内所有质点，它们的动量对 o 点的动量矩总和，称为刚体对该点的动量矩，即

$$\boldsymbol{H} = \sum \boldsymbol{r}_i \times m_i \boldsymbol{v}_i \tag{3.45}$$

将式(3.42)所表示的质点线速度 $\boldsymbol{v}_i$ 代入式(3.45)，有

$$\boldsymbol{H} = \sum \boldsymbol{r}_i \times m_i (\boldsymbol{\omega} \times \boldsymbol{r}_i) \tag{3.46}$$

以 o 点为原点，建立空间直角坐标系 $o\text{-}xyz$，$\boldsymbol{i}$、$\boldsymbol{j}$、$\boldsymbol{k}$ 分别为三个坐标轴的单位向量，那么，向量 $\boldsymbol{\omega}$、$\boldsymbol{r}_i$ 和 $\boldsymbol{H}$ 在直角坐标系的分量表达式分别为

$$\begin{cases}\boldsymbol{\omega}=\omega_x\boldsymbol{i}+\omega_y\boldsymbol{j}+\omega_z\boldsymbol{k}\\ \boldsymbol{r}_i=x_i\boldsymbol{i}+y_i\boldsymbol{j}+z_i\boldsymbol{k}\\ \boldsymbol{H}=H_x\boldsymbol{i}+H_y\boldsymbol{j}+H_z\boldsymbol{k}\end{cases}\tag{3.47}$$

利用向量叉乘计算法则，将式(3.47)代入式(3.46)，得到

$$\begin{aligned}\boldsymbol{H}&=\sum\boldsymbol{r}_i\times m_i(\boldsymbol{\omega}\times\boldsymbol{r}_i)\\&=\left[\sum m_i(y_i^2+z_i^2)\omega_x-\sum m_ix_iy_i\omega_y-\sum m_ix_iz_i\omega_z\right]\boldsymbol{i}\\&\quad+\left[\sum m_i(z_i^2+x_i^2)\omega_y-\sum m_ix_iy_i\omega_x-\sum m_iy_iz_i\omega_z\right]\boldsymbol{j}\\&\quad+\left[\sum m_i(x_i^2+y_i^2)\omega_z-\sum m_ix_iz_i\omega_x-\sum m_iy_iz_i\omega_y\right]\boldsymbol{k}\end{aligned}\tag{3.48}$$

令

$$\begin{cases}J_x=\sum m_i(y_i^2+z_i^2)\\ J_y=\sum m_i(z_i^2+x_i^2)\\ J_z=\sum m_i(x_i^2+y_i^2)\end{cases}\tag{3.49}$$

$$\begin{cases}J_{xy}=\sum m_ix_iy_i\\ J_{xz}=\sum m_ix_iz_i\\ J_{yz}=\sum m_iy_iz_i\end{cases}\tag{3.50}$$

显然，J_x、J_y、J_z 分别为刚体对 x 轴、y 轴、z 轴的转动惯量；$J_{ij}(i,\ j=x,\ y,\ z;\ i\neq j)$则称为刚体对 i 轴、j 轴的惯量积。刚体动量矩 $\boldsymbol{H}$ 的坐标分量可表示为

$$\begin{cases}H_x=J_x\omega_x-J_{xy}\omega_y-J_{xz}\omega_z\\ H_y=J_y\omega_y-J_{yz}\omega_z-J_{yx}\omega_x\\ H_z=J_z\omega_z-J_{zx}\omega_x-J_{zy}\omega_y\end{cases}\tag{3.51}$$

其中，$J_{xy}=J_{yx}$，$J_{xz}=J_{zx}$，$J_{yz}=J_{zy}$。

对于形状对称质量均匀分布的刚体，若以其中心点为直角坐标系原点，选取使刚体对称的轴作为坐标轴，则刚体的三个惯量积全为 0，此时坐标系的各轴成为刚体的惯性主轴，刚体动量矩 $\boldsymbol{H}$ 的坐标分量分别为

$$\begin{cases}H_x=J_x\omega_x\\ H_y=J_y\omega_y\\ H_z=J_z\omega_z\end{cases}\tag{3.52}$$

在实际陀螺仪表中，对于机械转子陀螺，也将动量矩 $\boldsymbol{H}$ 称为角动量。机械陀螺的陀螺转子，通常是以主轴为对称轴的回转体，如图3.10所示，其绕主轴(如 x 轴)的转动角速度远大于绕 y 轴和绕 z 轴的转动角速度。因此，称主轴 x 轴为陀螺转子的自转轴，陀螺转子的动量矩为

$$\boldsymbol{H}=J\boldsymbol{\Omega} \tag{3.53}$$

其中，$\boldsymbol{\Omega}$ 为自转角速度；J 为陀螺转子相对自转轴的转动惯量。

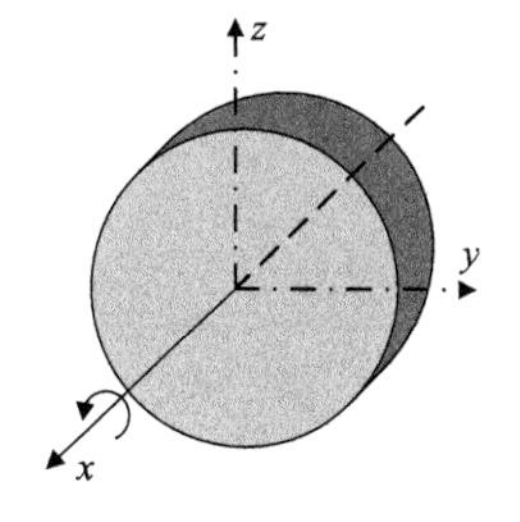

图3.10　机械陀螺的陀螺转子示意图

式(3.53)表明，当陀螺转子高速旋转时，转子具有动量矩 $\boldsymbol{H}$，其大小等于转动惯量 J 与角速度 $\boldsymbol{\Omega}$ 的乘积，$\boldsymbol{H}$ 与主轴(自转轴)重合，方向与转子自转角速度 $\boldsymbol{\Omega}$ 的方向一致。

例如，若某陀螺转子的转速为 $n=18000\text{r/min}$，其转动惯量为 $J=350\text{g}\cdot\text{cm}^2$，则该转子的自转角速度为

$$\Omega=n\times\frac{2\pi}{60}=18000\times\frac{2\pi}{60}=600\pi(\text{rad/s})$$

其动量矩大小为

$$H=J\Omega=350\times600\pi\approx6.6\times10^5(\text{g}\cdot\text{cm}^2/\text{s})$$

2. 动量矩定理(角动量定理)

将式(3.45)两边对时间求导数，得到

$$\begin{aligned}\frac{\mathrm{d}\boldsymbol{H}}{\mathrm{d}t}&=\frac{\mathrm{d}}{\mathrm{d}t}\left(\sum\boldsymbol{r}_i\times m_i\boldsymbol{v}_i\right)\\&=\sum\frac{\mathrm{d}\boldsymbol{r}_i}{\mathrm{d}t}\times m_i\boldsymbol{v}_i+\sum\boldsymbol{r}_i\times m_i\frac{\mathrm{d}\boldsymbol{v}_i}{\mathrm{d}t}\end{aligned} \tag{3.54}$$

因为

$$\frac{\mathrm{d}\boldsymbol{r}_i}{\mathrm{d}t}\times\boldsymbol{v}_i=\boldsymbol{v}_i\times\boldsymbol{v}_i=0 \tag{3.55}$$

又根据牛顿第二定律，有

$$m_i\frac{\mathrm{d}\boldsymbol{v}_i}{\mathrm{d}t}=m_i\boldsymbol{a}_i=\boldsymbol{F}_i \tag{3.56}$$

$\boldsymbol{F}_i$ 为作用在质点上的外力，则式(3.54)变为

$$\frac{\mathrm{d}\boldsymbol{H}}{\mathrm{d}t}=\sum\boldsymbol{r}_i\times\boldsymbol{F}_i \tag{3.57}$$

式中，$\sum \boldsymbol{r}_i \times \boldsymbol{F}_i$ 为作用在组成刚体的所有质点上的外力对 o 点的力矩向量和(总力矩)，用 $\boldsymbol{M}$ 表示，即

$$\frac{\mathrm{d}\boldsymbol{H}}{\mathrm{d}t}=\boldsymbol{M} \tag{3.58}$$

式(3.58)表明，刚体对某点的动量矩对时间的导数等于作用在刚体上所有外力对同一点的总力矩。式(3.58)即为动量矩定理的数学表达式。

对于一个任意的已知向量 $\boldsymbol{r}$，它对时间的导数 $\dfrac{\mathrm{d}\boldsymbol{r}}{\mathrm{d}t}$ 就是该向量末端的瞬时速度。借用向量末端的瞬时速度这一概念，定义动量矩 $\boldsymbol{H}$ 的末端速度为

$$\frac{\mathrm{d}\boldsymbol{H}}{\mathrm{d}t}=\boldsymbol{v}_H \tag{3.59}$$

根据动量矩定理可知

$$\boldsymbol{v}_H=\boldsymbol{M} \tag{3.60}$$

因此，动量矩定理又可以描述为：刚体对某一点的动量矩的末端速度在几何上等于作用在刚体上所有外力对同一点的总力矩，也就是说，陀螺转子的动量矩 $\boldsymbol{H}$ 的末端速度 $\boldsymbol{v}_H$ 与外力矩 $\boldsymbol{M}$ 大小相等、方向相同。动量矩定理表明，假如没有外力矩作用在定轴转动的刚体上，则其动量矩向量为常值，即其大小和在惯性空间的方向将保持不变。在讨论定点转动刚体的动力学中，有时称动量矩定理为莱查定理。

3. 刚体绕定点转动的欧拉动力学方程

动量矩定理虽然反映了定点转动刚体的动力学规律，但是因为它是在惯性坐标系中描述刚体定点转动的结果，当刚体相对惯性坐标系的位置随时间变化时，刚体对各惯性坐标轴的转动惯量和惯量积均随时间变化，以致刚体的动量矩的表达形式变得过于复杂。在研究绕定点转动刚体的动力学问题时，往往采用动坐标系，且动坐标系的各坐标轴均与刚体的惯性主轴重合，以使刚体对这些坐标轴的转动惯量为常数，而惯性积等于零，从而使刚体动量矩的表达式变得比较简单。刚体定点转动的欧拉动力学方程实际是动量矩定理在动坐标系中的表达式，它对于研究绕定点转动刚体的动力学问题较为方便。

如图 3.11 所示，刚体绕固定点 o 转动，取 $o\text{-}x_iy_iz_i$ 为惯性坐标系，$o\text{-}x_by_bz_b$ 为与刚体固连并随刚体运动的动坐标系。设刚体以瞬时角速度 $\boldsymbol{\omega}$ 相对惯性坐标系转动，即动坐标系也以角速度 $\boldsymbol{\omega}$ 相对惯性坐标系转动，并且 $\boldsymbol{\omega}$ 在惯性空间随时间不断改变。

转动角速度 $\boldsymbol{\omega}$ 在动坐标系 $o\text{-}x_by_bz_b$ 中可表示为

$$\boldsymbol{\omega}=\omega_{bx}\boldsymbol{i}_b+\omega_{by}\boldsymbol{j}_b+\omega_{bz}\boldsymbol{k}_b \tag{3.61}$$

其中，$\boldsymbol{i}_b$、$\boldsymbol{j}_b$、$\boldsymbol{k}_b$ 为动坐标系 $o\text{-}x_by_bz_b$ 各坐标轴的单位向量；ω_{bx}、ω_{by}、ω_{bz} 为 $\boldsymbol{\omega}$ 在动坐标系 $o\text{-}x_by_bz_b$ 各坐标轴的分量。

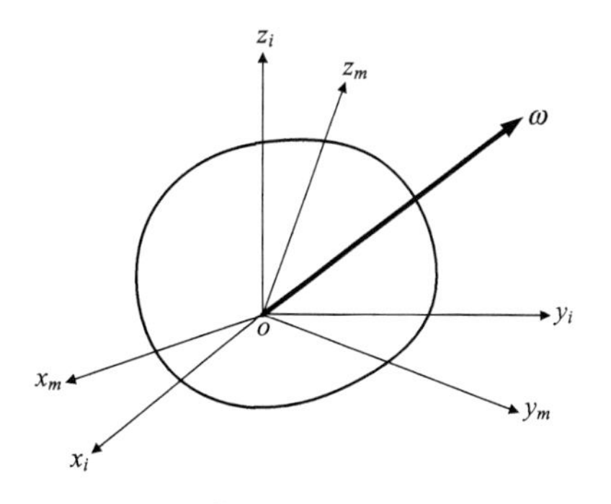

图 3.11　刚体绕固定点 o 转动示意图

设刚体对定点 o 的动量矩为 $\boldsymbol{H}$，一般情况下，在外力矩的作用下 $\boldsymbol{H}$ 的大小和方向均会随时间发生改变，也就是说，$\boldsymbol{H}$ 在空间的瞬时位置将随时间不断改变。刚体的动量矩 $\boldsymbol{H}$ 在动坐标系 $o\text{-}x_by_bz_b$ 中可表示为

$$\boldsymbol{H}=H_{bx}\boldsymbol{i}_b+H_{by}\boldsymbol{j}_b+H_{bz}\boldsymbol{k}_b \tag{3.62}$$

其中，H_{bx}、H_{by}、H_{bz} 为 $\boldsymbol{H}$ 在动坐标系 $o\text{-}x_by_bz_b$ 各坐标轴的分量。

对于惯性坐标系 $o\text{-}x_iy_iz_i$，H_{bx}、H_{by}、H_{bz} 以及 $\boldsymbol{i}_b$、$\boldsymbol{j}_b$、$\boldsymbol{k}_b$ 都是随时间变化的，因此，在惯性坐标系中的动量矩 $\boldsymbol{H}$ 对时间的导数，也就是动量矩的绝对导数为

$$\begin{aligned}\left.\frac{\mathrm{d}\boldsymbol{H}}{\mathrm{d}t}\right|_i&=\frac{\mathrm{d}}{\mathrm{d}t}(H_{bx}\boldsymbol{i}_b+H_{by}\boldsymbol{j}_b+H_{bz}\boldsymbol{k}_b)\\&=\frac{\mathrm{d}H_{bx}}{\mathrm{d}t}\boldsymbol{i}_b+\frac{\mathrm{d}H_{by}}{\mathrm{d}t}\boldsymbol{j}_b+\frac{\mathrm{d}H_{bz}}{\mathrm{d}t}\boldsymbol{k}_b+H_{bx}\frac{\mathrm{d}\boldsymbol{i}_b}{\mathrm{d}t}+H_{by}\frac{\mathrm{d}\boldsymbol{j}_b}{\mathrm{d}t}+H_{bz}\frac{\mathrm{d}\boldsymbol{k}_b}{\mathrm{d}t}\end{aligned} \tag{3.63}$$

对于动坐标系 $o\text{-}x_by_bz_b$，H_{bx}、H_{by}、H_{bz} 仍然随时间变化，但是 $\boldsymbol{i}_b$、$\boldsymbol{j}_b$、$\boldsymbol{k}_b$ 不发生变化，因此，在动坐标系中动量矩 $\boldsymbol{H}$ 对时间的导数(称为动量矩 $\boldsymbol{H}$ 对时间的相对导数)为

$$\left.\frac{\mathrm{d}\boldsymbol{H}}{\mathrm{d}t}\right|_b=\frac{\mathrm{d}H_{bx}}{\mathrm{d}t}\boldsymbol{i}_b+\frac{\mathrm{d}H_{by}}{\mathrm{d}t}\boldsymbol{j}_b+\frac{\mathrm{d}H_{bz}}{\mathrm{d}t}\boldsymbol{k}_b \tag{3.64}$$

即定义 $\left.\frac{\mathrm{d}\boldsymbol{H}}{\mathrm{d}t}\right|_b$ 为动量矩 $\boldsymbol{H}$ 对时间的相对导数。

动坐标系以角速度 $\boldsymbol{\omega}$ 相对惯性坐标系作定点转动，那么 $\boldsymbol{i}_b$、$\boldsymbol{j}_b$、$\boldsymbol{k}_b$ 也以角速度 $\boldsymbol{\omega}$ 相对惯性坐标系作定点转动。若将 $\boldsymbol{i}_b$、$\boldsymbol{j}_b$、$\boldsymbol{k}_b$ 看成定点向量，那么 $\frac{\mathrm{d}\boldsymbol{i}_b}{\mathrm{d}t}$、$\frac{\mathrm{d}\boldsymbol{j}_b}{\mathrm{d}t}$ 和 $\frac{\mathrm{d}\boldsymbol{k}_b}{\mathrm{d}t}$ 就是该向量的矢端速度。采用向量的叉乘来表示这些向量的矢端速度，有

$$\begin{cases}\dfrac{\mathrm{d}\boldsymbol{i}_b}{\mathrm{d}t}=\boldsymbol{\omega}\times\boldsymbol{i}_b\\ \dfrac{\mathrm{d}\boldsymbol{j}_b}{\mathrm{d}t}=\boldsymbol{\omega}\times\boldsymbol{j}_b\\ \dfrac{\mathrm{d}\boldsymbol{k}_b}{\mathrm{d}t}=\boldsymbol{\omega}\times\boldsymbol{k}_b\end{cases}\tag{3.65}$$

那么，$H_{bx}\dfrac{\mathrm{d}\boldsymbol{i}_b}{\mathrm{d}t}+H_{by}\dfrac{\mathrm{d}\boldsymbol{j}_b}{\mathrm{d}t}+H_{bz}\dfrac{\mathrm{d}\boldsymbol{k}_b}{\mathrm{d}t}$可以改写为

$$H_{bx}\frac{\mathrm{d}\boldsymbol{i}_b}{\mathrm{d}t}+H_{by}\frac{\mathrm{d}\boldsymbol{j}_b}{\mathrm{d}t}+H_{bz}\frac{\mathrm{d}\boldsymbol{k}_b}{\mathrm{d}t}=\begin{vmatrix}\boldsymbol{i}_b & \boldsymbol{j}_b & \boldsymbol{k}_b\\ \omega_{bx} & \omega_{by} & \omega_{bz}\\ H_{bx} & H_{by} & H_{bz}\end{vmatrix}=\boldsymbol{\omega}\times\boldsymbol{H}\tag{3.66}$$

此时，动量矩 $\boldsymbol{H}$ 对时间的绝对导数可写为

$$\left.\frac{\mathrm{d}\boldsymbol{H}}{\mathrm{d}t}\right|_i=\left.\frac{\mathrm{d}\boldsymbol{H}}{\mathrm{d}t}\right|_b+\boldsymbol{\omega}\times\boldsymbol{H}\tag{3.67}$$

将式(3.67)代入动量矩定理式(3.58)，得到刚体定点转动的欧拉动力学方程的向量形式

$$\left.\frac{\mathrm{d}\boldsymbol{H}}{\mathrm{d}t}\right|_i=\left.\frac{\mathrm{d}\boldsymbol{H}}{\mathrm{d}t}\right|_b+\boldsymbol{\omega}\times\boldsymbol{H}=\boldsymbol{M}\tag{3.68}$$

若在动坐标系中将$\left.\dfrac{\mathrm{d}\boldsymbol{H}}{\mathrm{d}t}\right|_b$、$\boldsymbol{\omega}\times\boldsymbol{H}$ 和外力矩 $\boldsymbol{M}$ 分别表示为分量形式

$$\left.\frac{\mathrm{d}\boldsymbol{H}}{\mathrm{d}t}\right|_b=\frac{\mathrm{d}H_{bx}}{\mathrm{d}t}\boldsymbol{i}_b+\frac{\mathrm{d}H_{by}}{\mathrm{d}t}\boldsymbol{j}_b+\frac{\mathrm{d}H_{bz}}{\mathrm{d}t}\boldsymbol{k}_b\tag{3.69}$$

$$\begin{aligned}\boldsymbol{\omega}\times\boldsymbol{H}&=\begin{vmatrix}\boldsymbol{i}_b & \boldsymbol{j}_b & \boldsymbol{k}_b\\ \omega_{bx} & \omega_{by} & \omega_{bz}\\ H_{bx} & H_{by} & H_{bz}\end{vmatrix}\\&=(\omega_{by}H_{bz}-\omega_{bz}H_{by})\boldsymbol{i}_b+(\omega_{bz}H_{bx}-\omega_{bx}H_{bz})\boldsymbol{j}_b+(\omega_{bx}H_{by}-\omega_{by}H_{bx})\boldsymbol{k}_b\end{aligned}\tag{3.70}$$

$$\boldsymbol{M}=M_{bx}\boldsymbol{i}_b+M_{by}\boldsymbol{j}_b+M_{bz}\boldsymbol{k}_b\tag{3.71}$$

得到刚体定点转动的欧拉动力学方程的分量形式

$$\begin{cases}\dfrac{\mathrm{d}H_{bx}}{\mathrm{d}t}+\omega_{by}H_{bz}-\omega_{bz}H_{by}=M_{bx}\\ \dfrac{\mathrm{d}H_{by}}{\mathrm{d}t}+\omega_{bz}H_{bx}-\omega_{bx}H_{bz}=M_{by}\\ \dfrac{\mathrm{d}H_{bz}}{\mathrm{d}t}+\omega_{bx}H_{by}-\omega_{by}H_{bx}=M_{bz}\end{cases}\tag{3.72}$$

当动坐标系中的各轴与刚体的惯性主轴重合时，欧拉动力学方程的分量形式化为

$$\begin{cases} J_x \dfrac{\mathrm{d}\omega_x}{\mathrm{d}t} - (J_y - J_z)\omega_y\omega_z = M_x \\ J_y \dfrac{\mathrm{d}\omega_y}{\mathrm{d}t} - (J_z - J_x)\omega_z\omega_x = M_y \\ J_z \dfrac{\mathrm{d}\omega_z}{\mathrm{d}t} - (J_x - J_y)\omega_x\omega_y = M_z \end{cases} \tag{3.73}$$

刚体的动量矩定理和刚体绕定点转动的欧拉动力学方程常用于讨论陀螺仪的进动性和定轴性。

3.3　复合运动、科氏加速度、比力

3.3.1　复合运动及科氏加速度

物体的任何运动都是相对的，参考系选取的不同，所表现的运动状态也就不一样。物体对于不同参考系的运动之间的关系，称为物体的复合运动问题。

在动力学中，参考系的选择有着极为重要的意义。因为牛顿定律只适用于惯性参考系中，当物体在非惯性系中运动时，一般需要将其转换到惯性系中才能使用牛顿定律。这里便涉及从一个参考系到另一个参考系的运动转换问题。即使是单从运动学观点看，选择一个好的参考系，往往会使对运动的分析大大简化，因而也需要考虑物体的运动在不同参考系之间关系。

复合运动主要是指运动的分解与合成，它为分析物体的复杂运动提供了一种有效的方法。利用这种方法可以把复杂的运动分解为某些简单的运动来研究，之后再合成起来便可以解决复杂的运动学问题。复合运动的方法是研究点和刚体的复杂运动的方法，同时也是研究非惯性系统动力学的基础。

用复合运动的分析方法研究复杂的运动问题，通常需要选定两个参考系，一个是固定参考系，另一个是运动参考系。固定参考系(简称“固定系”)和运动参考系(简称“运动系”)都是相对的，如何选择需要根据具体问题而定。

如图 3.12 所示，取 $o_0\text{-}x_0y_0z_0$ 为固定系，$o\text{-}xyz$ 为运动系。点 p 在固定系中的位置向量为 $\boldsymbol{R}$，称为点 p 的绝对位置；点 p 在运动系中的位置向量为 $\boldsymbol{r}$，称为点 p 的相对位置；运动系的坐标原点 o 相对固定系的位置向量为 $\boldsymbol{R}_0$，相对固定系 $o_0\text{-}x_0y_0z_0$ 存在以下关系

$$\boldsymbol{R} = \boldsymbol{R}_0 + \boldsymbol{r} \tag{3.74}$$

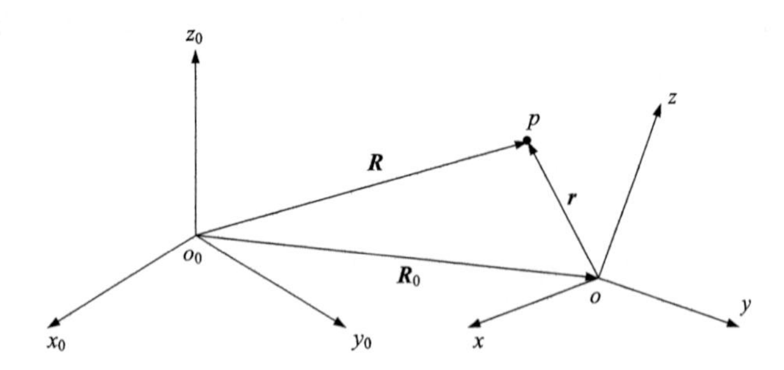

图 3.12　参考系的选取与质点的复合运动示意图

点 p 相对固定系 $o_0\text{-}x_0y_0z_0$ 的位置向量 $\boldsymbol{R}$ 的坐标分量式为

$$\boldsymbol{R}=x_0\boldsymbol{i}_0+y_0\boldsymbol{j}_0+z_0\boldsymbol{k}_0 \tag{3.75}$$

其中，($\boldsymbol{i}_0$，$\boldsymbol{j}_0$，$\boldsymbol{k}_0$)为沿 $o_0\text{-}x_0y_0z_0$ 各坐标轴的单位向量；(x_0，y_0，z_0)为位置向量 $\boldsymbol{R}$ 在相应各轴上的投影。p 点相对固定系 $o_0\text{-}x_0y_0z_0$ 的速度和加速度分别称为绝对速度和绝对加速度，表达式为

$$\boldsymbol{v}_{\mathrm{a}}=\frac{\mathrm{d}\boldsymbol{R}}{\mathrm{d}t}=\frac{\mathrm{d}x_0}{\mathrm{d}t}\boldsymbol{i}_0+\frac{\mathrm{d}y_0}{\mathrm{d}t}\boldsymbol{j}_0+\frac{\mathrm{d}z_0}{\mathrm{d}t}\boldsymbol{k}_0 \tag{3.76}$$

$$\boldsymbol{a}_{\mathrm{a}}=\frac{\mathrm{d}^2\boldsymbol{R}}{\mathrm{d}t^2}=\frac{\mathrm{d}^2x_0}{\mathrm{d}t^2}\boldsymbol{i}_0+\frac{\mathrm{d}^2y_0}{\mathrm{d}t^2}\boldsymbol{j}_0+\frac{\mathrm{d}^2z_0}{\mathrm{d}t^2}\boldsymbol{k}_0 \tag{3.77}$$

点 p 相对运动系 $o\text{-}xyz$ 的位置向量 $\boldsymbol{r}$ 的坐标分量式为

$$\boldsymbol{r}=x\boldsymbol{i}+y\boldsymbol{j}+z\boldsymbol{k} \tag{3.78}$$

其中，($\boldsymbol{i}$，$\boldsymbol{j}$，$\boldsymbol{k}$)为沿 $o\text{-}xyz$ 各坐标轴的单位向量；(x，y，z)为位置向量 $\boldsymbol{r}$ 在 $o\text{-}xyz$ 相应各轴上的投影。p 点相对运动系 $o\text{-}xyz$ 的速度和加速度分别称为相对速度和相对加速度，表达式为

$$\boldsymbol{v}_{\mathrm{r}}=\left.\frac{\mathrm{d}\boldsymbol{r}}{\mathrm{d}t}\right|_r=\frac{\mathrm{d}x}{\mathrm{d}t}\boldsymbol{i}+\frac{\mathrm{d}y}{\mathrm{d}t}\boldsymbol{j}+\frac{\mathrm{d}z}{\mathrm{d}t}\boldsymbol{k} \tag{3.79}$$

$$\boldsymbol{a}_{\mathrm{r}}=\left.\frac{\mathrm{d}^2\boldsymbol{r}}{\mathrm{d}t^2}\right|_r=\frac{\mathrm{d}^2x}{\mathrm{d}t^2}\boldsymbol{i}+\frac{\mathrm{d}^2y}{\mathrm{d}t^2}\boldsymbol{j}+\frac{\mathrm{d}^2z}{\mathrm{d}t^2}\boldsymbol{k} \tag{3.80}$$

点 p 的相对速度和相对加速度分别等于向径 $\boldsymbol{r}$ 和相对速度 $\boldsymbol{v}_{\mathrm{r}}$ 在动坐标系中的相对导数，求导符号上增加标记 $|_{\mathrm{r}}$ 以示区别。

质点 p 相对于固定系的运动称为绝对运动，相对于运动系的运动称为相对运动，运动系相对于固定系的运动称为牵连运动。点的绝对运动是由点的相对运动和运动系的牵连运动合成得到的。

将式(3.74)两边对固定系 $o_0\text{-}x_0y_0z_0$ 取时间的绝对导数，得

$$\frac{\mathrm{d}\boldsymbol{R}}{\mathrm{d}t}=\frac{\mathrm{d}\boldsymbol{R}_0}{\mathrm{d}t}+\frac{\mathrm{d}\boldsymbol{r}}{\mathrm{d}t} \tag{3.81}$$

式(3.81)右边第一项表示运动系相对固定系的移动速度。由于运动系 $o\text{-}xyz$ 相对固定系 $o_0\text{-}x_0y_0z_0$ 有相对运动，这里假设运动系相对固定系的转动角速度为 $\boldsymbol{\omega}$，由于运动系相对固定系转动，运动系的单位向量($\boldsymbol{i}$，$\boldsymbol{j}$，$\boldsymbol{k}$)的方向相对固定系也是随时间变化的，因此，式(3.81)右边第二项可写为

$$\begin{aligned}\frac{\mathrm{d}\boldsymbol{r}}{\mathrm{d}t}&=\frac{\mathrm{d}}{\mathrm{d}t}(x\boldsymbol{i}+y\boldsymbol{j}+z\boldsymbol{k})\\&=\frac{\mathrm{d}x}{\mathrm{d}t}\boldsymbol{i}+\frac{\mathrm{d}y}{\mathrm{d}t}\boldsymbol{j}+\frac{\mathrm{d}z}{\mathrm{d}t}\boldsymbol{k}+x\frac{\mathrm{d}\boldsymbol{i}}{\mathrm{d}t}+y\frac{\mathrm{d}\boldsymbol{j}}{\mathrm{d}t}+z\frac{\mathrm{d}\boldsymbol{k}}{\mathrm{d}t}\end{aligned} \tag{3.82}$$

式(3.82)第二个等号右边前三项为向量 $\boldsymbol{r}$ 在运动坐标系中的相对导数，实际就是式(3.79)描述的相对速度；后三项则是由于运动系的坐标轴方向相对固定系发生变化所引起的。

根据转动刚体上点的速度公式 $\boldsymbol{v}=\frac{\mathrm{d}\boldsymbol{r}}{\mathrm{d}t}=\boldsymbol{\omega}\times\boldsymbol{r}$，有

$$\left.\begin{aligned}\frac{\mathrm{d}\boldsymbol{i}}{\mathrm{d}t}&=\boldsymbol{\omega}\times\boldsymbol{i}\\\frac{\mathrm{d}\boldsymbol{j}}{\mathrm{d}t}&=\boldsymbol{\omega}\times\boldsymbol{j}\\\frac{\mathrm{d}\boldsymbol{k}}{\mathrm{d}t}&=\boldsymbol{\omega}\times\boldsymbol{k}\end{aligned}\right\} \tag{3.83}$$

将式(3.83)代入式(3.82)得

$$\begin{aligned}\frac{\mathrm{d}\boldsymbol{r}}{\mathrm{d}t}&=\left.\frac{\mathrm{d}\boldsymbol{r}}{\mathrm{d}t}\right|_{\mathrm{r}}+x(\boldsymbol{\omega}\times\boldsymbol{i})+y(\boldsymbol{\omega}\times\boldsymbol{j})+z(\boldsymbol{\omega}\times\boldsymbol{k})\\&=\left.\frac{\mathrm{d}\boldsymbol{r}}{\mathrm{d}t}\right|_{\mathrm{r}}+\boldsymbol{\omega}\times(x\boldsymbol{i}+y\boldsymbol{j}+z\boldsymbol{k})\end{aligned} \tag{3.84}$$

即

$$\frac{\mathrm{d}\boldsymbol{r}}{\mathrm{d}t}=\left.\frac{\mathrm{d}\boldsymbol{r}}{\mathrm{d}t}\right|_{\mathrm{r}}+\boldsymbol{\omega}\times\boldsymbol{r} \tag{3.85}$$

式(3.85)左边为点 p 的位置向量 $\boldsymbol{r}$ 在运动系 $o\text{-}xyz$ 中相对固定系 $o_0\text{-}x_0y_0z_0$ 的时间导数，即绝对导数。

式(3.85)说明，向量的绝对导数等于它的相对导数加上运动系的角速度与这个向量的向量积(叉乘)。这个关系式既给出了绝对导数与相对导数之间的关系，又说明了同一个向量相对两个不同参考系对时间的导数之间的关系。只有当两个参考系之间没有相对转动时，即 $\boldsymbol{\omega}=0$ 时，二者才相等。由式(3.85)可得出结

论：任意向量在固定系中对时间的导数等于该向量相对运动系的相对导数与运动系的角速度向量和该向量的向量积之和。

将式(3.85)代入式(3.81)，得到

$$\frac{\mathrm{d}\boldsymbol{R}}{\mathrm{d}t}=\frac{\mathrm{d}\boldsymbol{R}_0}{\mathrm{d}t}+\left.\frac{\mathrm{d}\boldsymbol{r}}{\mathrm{d}t}\right|_{\mathrm{r}}+\boldsymbol{\omega}\times\boldsymbol{r} \tag{3.86}$$

式(3.86)的左边$\frac{\mathrm{d}\boldsymbol{R}}{\mathrm{d}t}$表示动点 p 相对固定系的速度，即绝对速度；右边第二项$\left.\frac{\mathrm{d}\boldsymbol{r}}{\mathrm{d}t}\right|_{\mathrm{r}}$表示动点 p 相对运动系的速度，即相对速度；右边第一项$\frac{\mathrm{d}\boldsymbol{R}_0}{\mathrm{d}t}$表示运动系的坐标原点 o 相对固定系的速度，实际上代表了运动系的移动速度；第三项$\boldsymbol{\omega}\times\boldsymbol{r}$ 是由于运动系相对固定系转动引起的运动系上和动点 p 重合的一点相对固定系原点 o_0 的绝对速度。第一项和第三项合在一起，即$\frac{\mathrm{d}\boldsymbol{R}_0}{\mathrm{d}t}+\boldsymbol{\omega}\times\boldsymbol{r}$ 等于运动参考系上和动点 p 重合的一点相对固定系的速度，称为牵连速度。式(3.86)可记为

$$\boldsymbol{v}_{\mathrm{a}}=\boldsymbol{v}_{\mathrm{e}}+\boldsymbol{v}_{\mathrm{r}} \tag{3.87}$$

式(3.87)称为速度合成公式，说明点的绝对速度等于相对速度与牵连速度的向量和。其中

$$\begin{cases}\boldsymbol{v}_{\mathrm{a}}=\dfrac{\mathrm{d}\boldsymbol{R}}{\mathrm{d}t}\\ \boldsymbol{v}_{\mathrm{e}}=\dfrac{\mathrm{d}\boldsymbol{R}_0}{\mathrm{d}t}+\boldsymbol{\omega}\times\boldsymbol{r}\\ \boldsymbol{v}_{\mathrm{r}}=\left.\dfrac{\mathrm{d}\boldsymbol{r}}{\mathrm{d}t}\right|_{\mathrm{r}}\end{cases} \tag{3.88}$$

上述讨论说明，点 p 相对于固定系的运动称为绝对运动，相对于运动系的运动称为相对运动，运动系相对于固定系的运动称为牵连运动。点的绝对运动是由点的相对运动和运动系的牵连运动合成得到的。

将式(3.86)再对时间求导数，可得到加速度向量之间的合成关系为

$$\frac{\mathrm{d}^2\boldsymbol{R}}{\mathrm{d}t^2}=\frac{\mathrm{d}^2\boldsymbol{R}_0}{\mathrm{d}t^2}+\frac{\mathrm{d}}{\mathrm{d}t}\left(\left.\frac{\mathrm{d}\boldsymbol{r}}{\mathrm{d}t}\right|_{\mathrm{r}}\right)+\frac{\mathrm{d}}{\mathrm{d}t}(\boldsymbol{\omega}\times\boldsymbol{r}) \tag{3.89}$$

由绝对导数与相对导数的关系，式(3.89)右边第二项、第三项分别为

$$\frac{\mathrm{d}}{\mathrm{d}t}\left(\left.\frac{\mathrm{d}\boldsymbol{r}}{\mathrm{d}t}\right|_{\mathrm{r}}\right)=\left.\frac{\mathrm{d}^2\boldsymbol{r}}{\mathrm{d}t^2}\right|_{\mathrm{r}}+\boldsymbol{\omega}\times\left.\frac{\mathrm{d}\boldsymbol{r}}{\mathrm{d}t}\right|_{\mathrm{r}} \tag{3.90}$$

$$\frac{\mathrm{d}}{\mathrm{d}t}(\boldsymbol{\omega}\times\boldsymbol{r})=\left.\frac{\mathrm{d}}{\mathrm{d}t}(\boldsymbol{\omega}\times\boldsymbol{r})\right|_{\mathrm{r}}+\boldsymbol{\omega}\times(\boldsymbol{\omega}\times\boldsymbol{r})$$

$$
=\left.\frac{\mathrm{d}\boldsymbol{\omega}}{\mathrm{d}t}\right|_{\mathrm{r}}\times\boldsymbol{r}+\boldsymbol{\omega}\times\left.\frac{\mathrm{d}\boldsymbol{r}}{\mathrm{d}t}\right|_{\mathrm{r}}+\boldsymbol{\omega}\times(\boldsymbol{\omega}\times\boldsymbol{r}) \tag{3.91}
$$

注意到

$$
\frac{\mathrm{d}\boldsymbol{\omega}}{\mathrm{d}t}=\left.\frac{\mathrm{d}\boldsymbol{\omega}}{\mathrm{d}t}\right|_{\mathrm{r}}+\boldsymbol{\omega}\times\boldsymbol{\omega} \tag{3.92}
$$

而

$$
\boldsymbol{\omega}\times\boldsymbol{\omega}=0 \tag{3.93}
$$

所以

$$
\frac{\mathrm{d}\boldsymbol{\omega}}{\mathrm{d}t}=\left.\frac{\mathrm{d}\boldsymbol{\omega}}{\mathrm{d}t}\right|_{\mathrm{r}} \tag{3.94}
$$

将式(3.94)代入式(3.91)，再将式(3.90)和式(3.91)代入式(3.89)，整理得到

$$
\frac{\mathrm{d}^2\boldsymbol{R}}{\mathrm{d}t^2}=\frac{\mathrm{d}^2\boldsymbol{R}_0}{\mathrm{d}t^2}+\left.\frac{\mathrm{d}^2\boldsymbol{r}}{\mathrm{d}t^2}\right|_{\mathrm{r}}+2\boldsymbol{\omega}\times\left.\frac{\mathrm{d}\boldsymbol{r}}{\mathrm{d}t}\right|_{\mathrm{r}}+\frac{\mathrm{d}\boldsymbol{\omega}}{\mathrm{d}t}\times\boldsymbol{r}+\boldsymbol{\omega}\times(\boldsymbol{\omega}\times\boldsymbol{r}) \tag{3.95}
$$

式(3.95)为加速度向量合成公式，等式左边$\frac{\mathrm{d}^2\boldsymbol{R}}{\mathrm{d}t^2}$为动点 p 的绝对加速度，等式右边第二项$\left.\frac{\mathrm{d}^2\boldsymbol{r}}{\mathrm{d}t^2}\right|_{\mathrm{r}}$为相对加速度，第三项 $2\boldsymbol{\omega}\times\left.\frac{\mathrm{d}\boldsymbol{r}}{\mathrm{d}t}\right|_{\mathrm{r}}$为科氏加速度，第一项$\frac{\mathrm{d}^2\boldsymbol{R}_0}{\mathrm{d}t^2}$和第四项$\frac{\mathrm{d}\boldsymbol{\omega}}{\mathrm{d}t}\times\boldsymbol{r}$、第五项 $\boldsymbol{\omega}\times(\boldsymbol{\omega}\times\boldsymbol{r})$合称为牵连加速度。式(3.95)可以简写为如下形式

$$
\boldsymbol{a}_p=\boldsymbol{a}_{\mathrm{r}}+\boldsymbol{a}_{\mathrm{e}}+\boldsymbol{a}_{\mathrm{c}} \tag{3.96}
$$

这就是质点的加速度合成定理。其中，相对加速度为

$$
\boldsymbol{a}_{\mathrm{r}}=\left.\frac{\mathrm{d}^2\boldsymbol{r}}{\mathrm{d}t^2}\right|_{\mathrm{r}}=\left.\frac{\mathrm{d}\boldsymbol{v}}{\mathrm{d}t}\right|_{\mathrm{r}} \tag{3.97}
$$

牵连加速度为

$$
\boldsymbol{a}_{\mathrm{e}}=\frac{\mathrm{d}^2\boldsymbol{R}_0}{\mathrm{d}t^2}+\frac{\mathrm{d}\boldsymbol{\omega}}{\mathrm{d}t}\times\boldsymbol{r}+\boldsymbol{\omega}\times(\boldsymbol{\omega}\times\boldsymbol{r}) \tag{3.98}
$$

科氏加速度为

$$
\boldsymbol{a}_{\mathrm{c}}=2\boldsymbol{\omega}\times\left.\frac{\mathrm{d}\boldsymbol{r}}{\mathrm{d}t}\right|_{\mathrm{r}}=2\boldsymbol{\omega}\times\boldsymbol{v}_{\mathrm{r}} \tag{3.99}
$$

即 p 点的绝对加速度等于相对加速度、牵连加速度和科氏加速度的向量和。

科氏加速度 $\boldsymbol{a}_{\mathrm{c}}$ 是法国工程师科里奥利(Coriolis)在研究机械理论时首先发现的。科氏加速度的产生是物体相对参考系的运动和参考系自身的转动共同影响的

结果。当参考系的转动角速度等于零时，科氏加速度不会出现。

例如，在地球表面附近运动的载体，它在日心惯性参考系 $o_i\text{-}x_iy_iz_i$ 中的位置向量为$\boldsymbol{R}$，在地心地固坐标系 $o_e\text{-}x_ey_ez_e$ 中的位置向量为$\boldsymbol{r}$，地心相对日心的位置向量为 $\boldsymbol{R}_0$。地球自转为匀速转动，其角速度为 $\boldsymbol{\omega}_e$。参照式(3.86)可以写出载体相对日心惯性参考系的绝对速度表达式

$$\frac{\mathrm{d}\boldsymbol{R}}{\mathrm{d}t}=\frac{\mathrm{d}\boldsymbol{R}_0}{\mathrm{d}t}+\left.\frac{\mathrm{d}\boldsymbol{r}}{\mathrm{d}t}\right|_{\mathrm{r}}+\boldsymbol{\omega}_e\times\boldsymbol{r} \tag{3.100}$$

参照式(3.95)可以写出载体相对日心惯性参考系的绝对加速度表达式

$$\begin{aligned}\frac{\mathrm{d}^2\boldsymbol{R}}{\mathrm{d}t^2}&=\frac{\mathrm{d}^2\boldsymbol{R}_0}{\mathrm{d}t^2}+\left.\frac{\mathrm{d}^2\boldsymbol{r}}{\mathrm{d}t^2}\right|_{\mathrm{r}}+2\boldsymbol{\omega}_e\times\left.\frac{\mathrm{d}\boldsymbol{r}}{\mathrm{d}t}\right|_{\mathrm{r}}+\frac{\mathrm{d}\boldsymbol{\omega}_e}{\mathrm{d}t}\times\boldsymbol{r}+\boldsymbol{\omega}_e\times(\boldsymbol{\omega}_e\times\boldsymbol{r})\\&=\frac{\mathrm{d}^2\boldsymbol{R}_0}{\mathrm{d}t^2}+\left.\frac{\mathrm{d}^2\boldsymbol{r}}{\mathrm{d}t^2}\right|_{\mathrm{r}}+2\boldsymbol{\omega}_e\times\left.\frac{\mathrm{d}\boldsymbol{r}}{\mathrm{d}t}\right|_{\mathrm{r}}+\boldsymbol{\omega}_e\times(\boldsymbol{\omega}_e\times\boldsymbol{r})\end{aligned} \tag{3.101}$$

因为认为地球自转为匀速转动，所以上式中$\frac{\mathrm{d}\boldsymbol{\omega}_e}{\mathrm{d}t}\times\boldsymbol{r}=0$。

3.3.2　比力

一个物体在惯性空间运动，它所受到的外力 $\boldsymbol{F}$ 通常由两部分组成：一是各天体对该物体产生的引力 $\boldsymbol{F}_g$；二是作用于该物体的其他作用力，统称为非引力 $\boldsymbol{F}_m$。物体在这些外力的作用下产生加速度，其运动规律符合牛顿第二定律，则

$$\boldsymbol{F}=\boldsymbol{F}_g+\boldsymbol{F}_m=m\boldsymbol{a} \tag{3.102}$$

其中，m 为物体的质量；$\boldsymbol{a}$ 为物体的(绝对)加速度。

根据万有引力定律，天体对该物体产生的引力 $\boldsymbol{F}_g$ 为

$$\boldsymbol{F}_g=-\frac{GMm}{r^3}\boldsymbol{r}=m\boldsymbol{a}_g \tag{3.103}$$

其中，G 为万有引力常数；M 为天体的质量；$\boldsymbol{r}$ 为天体到物体的向径；$\boldsymbol{a}_g$ 为由引力 $\boldsymbol{F}_g$ 产生的加速度。

由式(3.102)和式(3.103)有

$$\boldsymbol{F}_m=m\boldsymbol{a}-m\boldsymbol{a}_g \tag{3.104}$$

将上式两边同除以 m，得到

$$\boldsymbol{f}=\frac{\boldsymbol{F}_m}{m}=\boldsymbol{a}-\boldsymbol{a}_g \tag{3.105}$$

式中，$\boldsymbol{f}$ 称为非引力加速度，它表明物体的非引力加速度等于该物体的绝对加速度与引力加速度向量之差。在惯性技术中，通常称 $\boldsymbol{f}$ 为比力。

表面上比力代表了作用在单位质量上的外力，但是应该注意，比力实际是外

力中的非引力加速度，它具有与加速度相同的量纲。

引力加速度 $\boldsymbol{a}_g$ 是地球引力产生的加速度 $\boldsymbol{G}_e$、太阳引力产生的加速度 $\boldsymbol{G}_s$、月球引力产生的加速度 $\boldsymbol{G}_m$ 以及其他天体引力产生的加速度 $\sum_{i=1}^{n-3}\boldsymbol{G}_i$ 的向量和，即

$$\boldsymbol{a}_g = \boldsymbol{G}_e + \boldsymbol{G}_s + \boldsymbol{G}_m + \sum_{i=1}^{n-3}\boldsymbol{G}_i \tag{3.106}$$

如果考虑地球围绕太阳运动，那么，地球表面附近的物体在以太阳为中心的惯性坐标系中的位置为 $\boldsymbol{R}$，物体相对地球中心的位置为 $\boldsymbol{r}$，地球在以太阳为中心的惯性坐标系中的位置为 $\boldsymbol{R}_0$，则有

$$\boldsymbol{R} = \boldsymbol{R}_0 + \boldsymbol{r}$$

设地球自转角速度为 $\boldsymbol{\Omega}$，由式(3.101)可得物体在惯性坐标系的加速度 $\boldsymbol{a}$ 为

$$\boldsymbol{a} = \left.\frac{\mathrm{d}^2\boldsymbol{R}}{\mathrm{d}t^2}\right|_I = \left.\frac{\mathrm{d}^2\boldsymbol{R}_0}{\mathrm{d}t^2}\right|_I + \left.\frac{\mathrm{d}^2\boldsymbol{r}}{\mathrm{d}t^2}\right|_E + 2\boldsymbol{\Omega}\times\left.\frac{\mathrm{d}\boldsymbol{r}}{\mathrm{d}t}\right|_E + \boldsymbol{\Omega}\times(\boldsymbol{\Omega}\times\boldsymbol{r}) \tag{3.107}$$

将式(3.106)和式(3.107)代入式(3.105)，得到

$$\boldsymbol{f} = \left.\frac{\mathrm{d}^2\boldsymbol{R}_0}{\mathrm{d}t^2}\right|_I + \left.\frac{\mathrm{d}^2\boldsymbol{r}}{\mathrm{d}t^2}\right|_E + 2\boldsymbol{\Omega}\times\left.\frac{\mathrm{d}\boldsymbol{r}}{\mathrm{d}t}\right|_E + \boldsymbol{\Omega}\times(\boldsymbol{\Omega}\times\boldsymbol{r}) - \left(\boldsymbol{G}_e + \boldsymbol{G}_s + \boldsymbol{G}_m + \sum_{i=1}^{n-3}\boldsymbol{G}_i\right) \tag{3.108}$$

其中，$\left.\frac{\mathrm{d}^2\boldsymbol{R}_0}{\mathrm{d}t^2}\right|_I$ 实际为地球公转的向心加速度，它与太阳的引力加速度 $\boldsymbol{G}_s$ 量值大致相等；月球的引力加速度 $\boldsymbol{G}_s$ 为地球引力加速度 $\boldsymbol{G}_e$ 的10^{-6}量级，其他天体引力加速度 $\boldsymbol{G}_i$ 为地球引力加速度 $\boldsymbol{G}_e$ 的10^{-8}量级。对于一般精度的惯性系统，月球和其他天体的引力加速度的影响可以忽略不计。考虑到地球引力与地球自转产生的离心力二者共同形成的地球重力，即

$$\boldsymbol{g} = \boldsymbol{G}_e - \boldsymbol{\Omega}\times(\boldsymbol{\Omega}\times\boldsymbol{r}) \tag{3.109}$$

则

$$\boldsymbol{f} = \left.\frac{\mathrm{d}^2\boldsymbol{r}}{\mathrm{d}t^2}\right|_E + 2\boldsymbol{\Omega}\times\left.\frac{\mathrm{d}\boldsymbol{r}}{\mathrm{d}t}\right|_E - \boldsymbol{g} \tag{3.110}$$

其中，$\left.\frac{\mathrm{d}\boldsymbol{r}}{\mathrm{d}t}\right|_E$ 为物体相对地球的运动速度，通常用 $\boldsymbol{v}$ 表示；$\left.\frac{\mathrm{d}^2\boldsymbol{r}}{\mathrm{d}t^2}\right|_E$ 为物体相对地球的运动加速度，用$\left.\frac{\mathrm{d}\boldsymbol{v}}{\mathrm{d}t}\right|_E$ 表示。则上式可改写为

$$\boldsymbol{f} = \left.\frac{\mathrm{d}\boldsymbol{v}}{\mathrm{d}t}\right|_E + 2\boldsymbol{\Omega}\times\boldsymbol{v} - \boldsymbol{g} \tag{3.111}$$

加速度是物体运动状态的一种表现形式，在惯性导航系统中，加速度的测量

是由加速度计实现的。假设安装加速计的测量坐标系为 p 系，它相对地球坐标系的转动角速度为 $\boldsymbol{\omega}_{ep}$，则有

$$\left.\frac{\mathrm{d}\boldsymbol{v}}{\mathrm{d}t}\right|_E=\left.\frac{\mathrm{d}\boldsymbol{v}}{\mathrm{d}t}\right|_p+\boldsymbol{\omega}_{ep}\times\boldsymbol{v}=\dot{\boldsymbol{v}}+\boldsymbol{\omega}_{ep}\times\boldsymbol{v} \tag{3.112}$$

那么

$$\boldsymbol{f}=\dot{\boldsymbol{v}}+\boldsymbol{\omega}_{ep}\times\boldsymbol{v}+2\boldsymbol{\Omega}\times\boldsymbol{v}-\boldsymbol{g} \tag{3.113}$$

式(3.113)为物体相对地球运动时加速度计敏感的比力表达式，惯性导航中通常称为比力方程。式(3.113)中各项的物理意义如下：①$\dot{\boldsymbol{v}}$ 为运动体相对地球运动的速度在测量坐标系中的变化率，即在测量坐标系中表示的运动体相对地球的加速度；②$\boldsymbol{\omega}_{ep}\times\boldsymbol{v}$ 为测量坐标系相对地球转动所引起的向心加速度；③$2\boldsymbol{\Omega}\times\boldsymbol{v}$ 为载体相对地球的速度与地球自转角速度的相互影响而形成的科氏加速度；④$\boldsymbol{g}$ 为地球重力加速度。

比力方程表明了加速度计所敏感的比力与运动体相对地球的加速度之间的关系，所以它是惯性导航系统的一个基本方程。

假设

$$\boldsymbol{\omega}_{ep}\times\boldsymbol{v}+2\boldsymbol{\Omega}\times\boldsymbol{v}-\boldsymbol{g}=(2\boldsymbol{\Omega}+\boldsymbol{\omega}_{ep})\times\boldsymbol{v}-\boldsymbol{g}=\boldsymbol{a}_B \tag{3.114}$$

比力方程可改写为

$$\boldsymbol{f}-\boldsymbol{a}_B=\dot{\boldsymbol{v}} \tag{3.115}$$

其中，$\boldsymbol{a}_B$ 通常称为有害加速度。惯性导航计算中需要的是运动体相对地球的加速度 $\dot{\boldsymbol{v}}$，但从式(3.115)中看出，加速度计不能分辨有害加速度和载体相对加速度。因此，必须从加速度计所测得的比力 $\boldsymbol{f}$ 中补偿掉有害加速度 $\boldsymbol{a}_B$ 的影响，才能得到运动体相对地球的加速度 $\dot{\boldsymbol{v}}$，经过数学计算最终获得运动体相对地球的速度 $\boldsymbol{v}$ 及位置等导航信息。

3.4 舒勒原理

小车上悬挂一个单摆，摆锤质量为 m，摆杆长度为 l，单摆绕支点的转动惯量为 J，如图 3.13 所示。小车以加速度 $\boldsymbol{a}$ 做直线运动，此时小车为非惯性坐标系，相对小车列出运动微分方程，需加牵连惯性力 $\boldsymbol{F}_e=-m\boldsymbol{a}$。

不考虑地球自转，根据质点的动量矩定理，单摆的运动微分方程为

$$J\ddot{\theta}=mal\cos\theta-mgl\sin\theta \tag{3.116}$$

其中，$J=ml^2$。设单摆相对平衡位置偏离垂线一个角度 θ_0，相对平衡位置应满足 $\dot{\theta}=\ddot{\theta}=0$，由此得到

$$\theta_0 = \arctan \frac{a}{g} \tag{3.117}$$

这就是说，单摆相对小车的平衡位置不再指向垂线，而是沿与加速度相反的方向偏离一个角度 θ_0，θ_0 的大小决定于加速度 a 的大小。如果仅从上述分析来看，有加速度存在又不受其干扰的单摆似乎是不存在的。

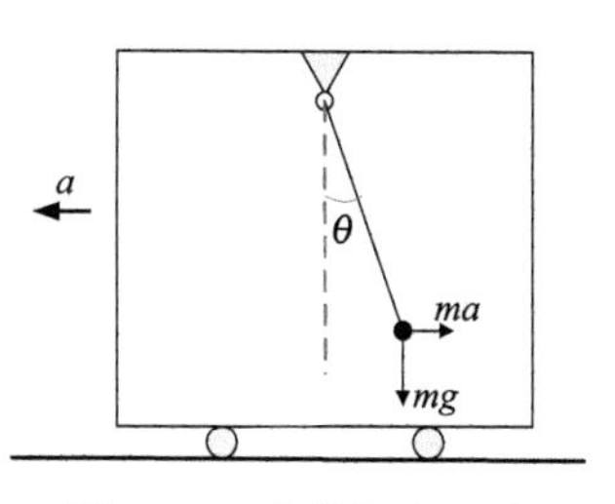

图 3.13　直线加速运动小车中的单摆示意图

德国科学家舒勒(M. Schuler)在其 1923 年发表的著名论文"运输工具的加速度对于摆和陀螺仪的干扰"中指出：铅垂方向的加速度不会干扰单摆的平衡位置，但水平方向的加速度却会使单摆振动。例如，火车开动时，车内挂的摆立刻向后摆动，但若使单摆的摆长具有地球半径的长度，支点在地面，那么摆锤正好在地心的位置，则不管支点怎样运动，摆锤始终在地心，此时，单摆始终指地垂线而不受加速度的干扰。舒勒进一步指出，任何一种摆性装置，如复摆、陀螺摆、陀螺罗经以及其他指示当地垂线的系统，只要它的振动固有周期是 84.4min，那么这种装置就不受加速度的干扰，这就是著名的舒勒原理。84.4min 称为舒勒周期。通常将给定摆性装置以 84.4min 周期的过程称为舒勒调谐。下面论证舒勒原理并导出单摆不受加速度干扰的条件。

假设地球表面为圆球面，运载单摆的载体沿地球表面做大圆弧运动，不计载体离地面的高度。单摆的支点与地心 O 的连线就是当地的垂线，如图 3.14 所示。摆的质量为 m，摆长为 l，单摆绕支点的转动惯量为 J。

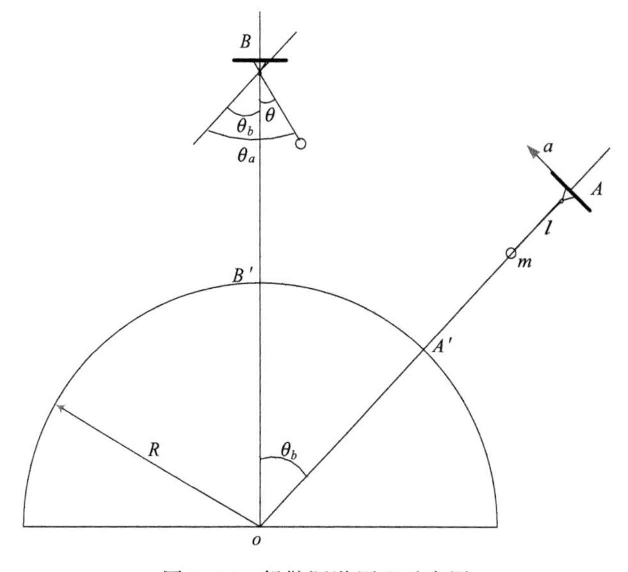

图 3.14　舒勒调谐原理示意图

假定在 A 点处，单摆摆杆通过地心 O，然后以加速度 a 沿大圆弧运动到 B 点。在 B 点处摆杆偏离 B 处当地垂线 BO 的角度是 θ。假设 θ_a 角为摆杆与起始位置 A 处当地垂线 AO 的夹角，A 处当地垂线 AO 与 B 处当地垂线 BO 的夹角为 θ_b。单摆相对载体的相对运动微分方程为

$$J\ddot{\theta}_a = mla\cos\theta - mlg\sin\theta \tag{3.118}$$

根据图 3.14 表示的几何关系，有 $\theta_a = \theta_b + \theta$，$\ddot{\theta}_a = \ddot{\theta}_b + \ddot{\theta}$。当 θ 为小角时，作线性化处理 $\sin\theta \approx \theta$，$\cos\theta \approx 1$。考虑到单摆的转动惯量为 $J = ml^2$，忽略单摆支点离地面的高度，且 $\ddot{\theta}_b = a/R$（R 为地球半径），式(3.118)简化为

$$\ddot{\theta} + \frac{g}{l}\theta = \left(\frac{1}{l} - \frac{1}{R}\right)a \tag{3.119}$$

进一步将式(3.119)化为

$$\ddot{\theta} + \frac{g}{l}\theta = \left(1 - \frac{l}{R}\right)\frac{a}{l} \tag{3.120}$$

由此可得单摆相对载体的平衡位置 θ_0 为

$$\theta_0 = \left(1 - \frac{l}{R}\right)\frac{a}{l} \tag{3.121}$$

只有当 $\theta_0 = 0$ 时，单摆才指示当地垂线。

由式(3.121)看出，若希望 $\theta_0 = 0$，一是可以让载体加速度 $a = 0$；二是单摆长度 l 满足 $l = R$，也就是说，当单摆长度等于地球半径时，不论载体加速度是否为 0，单摆都是指向当地垂线的。

将 $l = R$ 代入式(3.120)，得到不受加速度干扰的单摆运动微分方程为

$$\ddot{\theta} + \frac{g}{R}\theta = 0 \tag{3.122}$$

由此得到此单摆的固有振荡角频率为

$$\omega_s = \sqrt{\frac{g}{R}} \tag{3.123}$$

称为舒勒频率，而单摆的固有振荡周期则为

$$T = \frac{2\pi}{\omega_s} = 2\pi\sqrt{\frac{R}{g}} \approx 84.4\text{min} \tag{3.124}$$

称为舒勒周期。通常将给定一个摆性装置以 84.4min 固有振荡周期的过程称为舒勒调谐。

对于一个转动惯量为 J，摆长为 l 的物理摆(复摆)，其运动微分方程具有与单摆相同的形式，只是其中 J 代表的是物理摆的转动惯量。其运动微分方程为

$$J\ddot{\theta}_a = mla\cos\theta - mlg\sin\theta \tag{3.125}$$

将上式进一步化为

$$\ddot{\theta} + \frac{mlg}{J}\theta = \left(\frac{ml}{J} - \frac{1}{R}\right)a \tag{3.126}$$

如果适当选择物理摆的参数，使其满足

$$\frac{ml}{J} = \frac{1}{R} \tag{3.127}$$

则物理摆同样不受载体加速度的干扰，而能够始终跟踪当地垂线。式(3.127)为物理摆的舒勒调谐条件。

在近地惯性导航系统中，系统平台必须精确跟踪当地水平面(即平台的竖轴必须精确跟踪当地垂线)，以便精确地给出加速度测量基准。为了使平台精确跟踪当地水平面的过程不受载体加速度干扰，平台水平控制回路必须满足舒勒调谐条件。相关内容读者可进一步参考惯性导航的相关书籍与文献。

3.5　Sagnac 效应

基于狭义相对论原理，在任何几何形状的闭合光路中，从某一观测点发出的一对沿相反方向传播的光波，运行一周后又回到该观测点时，它们的相位(或它们经历的光程)将由于该闭合环形光路相对于惯性空间的旋转而不同。其相位差(或光程差)的大小与闭合光路的转动角速率成正比。该现象由法国科学家 Sagnac 于 1913 年发现，称为 Sagnac 效应。

在光波干涉仪中，由光源发出的光经过 P 点的光束分离镜被分成沿顺时针和逆时针方向传播的两束光。如果干涉仪相对惯性空间没有转动，那么两束光在环路中绕一圈的光程是相等的，所需时间为

$$t = \frac{2\pi r}{c} \tag{3.128}$$

其中，r 为环路半径；c 为光速。

当干涉仪以角速度 Ω 绕垂直于光路平面的中心轴线旋转时，从 P 点出发的两束反向传播光束在沿环路绕一圈后的光程不再相同，因为光束出发的原始位置 P 点以沿顺时针方向转动到 P'点，如图 3.15 所示。

沿顺时针方向传播的光束绕行一圈到达 P'点的时间为

$$t^+ = \frac{2\pi r + r\Omega t^+}{c} \tag{3.129}$$

沿逆时针方向传播的光束绕行一圈到达 P'点的时间为

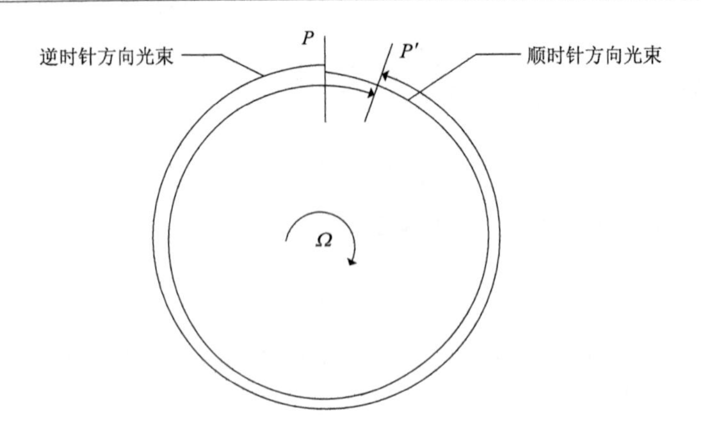

图 3.15　Sagnac 效应示意图

$$t^{-}=\frac{2\pi r - r\Omega t^{-}}{c} \tag{3.130}$$

两束光绕行一圈到达 P' 点的时间差为

$$\Delta t = t^{+} - t^{-} = \frac{4\pi r^{2}\Omega}{c^{2} - r^{2}\Omega^{2}} \tag{3.131}$$

考虑到 $(r\Omega)^{2} \ll c^{2}$，有

$$\Delta t \approx \frac{4\pi r^{2}\Omega}{c^{2}} \tag{3.132}$$

两束光绕行一圈到达 P' 点的光程差为

$$\Delta L = c\Delta t \approx \frac{4\pi r^{2}\Omega}{c} = \frac{4S\Omega}{c} \tag{3.133}$$

其中，$S=\pi r^{2}$ 为环形光路所围成的面积。

由于两束光是由同一个光源发出的，在 P' 点的检测器便形成明暗相间的干涉条纹。当光程差改变一个波长时，干涉条纹就移动一个条纹间距。式(3.133)说明两束光的光程差与干涉仪转动角速度 Ω 成正比，只要测得光程差，就能够得到转动角速度 Ω。式(3.133)虽然是从圆形环路推导得出，但是可以证明它适用于任何几何形状的光路(如矩形、三角形等)。

激光陀螺与光纤陀螺的基本原理都是基于 Sagnac 效应。由式(3.133)可以看出，由于光速 c 的数值很大，即使是将环形光路所围成的面积做得很大，所产生的光程差的数值也是很小的，对于利用该原理制造的陀螺，在光程差数值的工程检测实现上具有极大困难。为了解决这个问题，光纤陀螺采用增加光路的绕制圈数来使光路围绕的面积实现等价的加大，以提高光纤陀螺的灵敏度。在激光陀螺中，由于激光具有相干性好的特点，可通过测量两束光的“频差”的方法来提高其灵敏度。

第4章　导航卫星轨道基础

卫星导航系统属于无线电导航系统的范畴，它是以导航卫星作为空间位置基准来完成导航定位服务的。导航卫星的轨道位置的精确程度将直接影响导航定位服务水平。与所有的运动物体一样，导航卫星的运动取决于它所受到的作用力。导航卫星在绕地球运行中所受到的作用力主要包括地球对卫星的引力，日、月对卫星的引力，太阳光辐射压力以及潮汐力等，其中地球引力是主要的。

如果地球是一个密度均匀的球体，或是由无限多密度均匀的同心球层所构成，则可以证明它对球外一点的引力等效于全部质量集中于球心的质点所产生的引力。实际上，地球内部质量分布十分复杂，地球对外部一点的引力并不等于全部质量集中于球心的质点所产生的引力，其差异约为 10^{-3} 量级。因此，在讨论地球引力对卫星的作用时，通常将地球引力看成质点引力和附加引力(地球引力场摄动力)之和，该质点集中了全部地球质量并位于地球质心(质心与球中心重合)，考虑到卫星的体积及其与地球的距离，将卫星看成质量集中于其质心的质点。

将卫星认为只受地球质心引力的作用作为近似(误差约为 10^{-3})来研究卫星运动的轨道，通常称为卫星运动的二体问题，其优点是：它可以作为卫星运动的一种近似描述；唯一能够得到严密分析解的运动；是一些更精确解(考虑卫星受到的作用力)的基础。除地球质心引力外的其他作用力通常称为摄动力。在摄动力的作用下，卫星的运动将偏离二体问题的运动轨道，通常将考虑摄动力作用的卫星运动(轨道)称为卫星的受摄运动(轨道)。

在利用卫星导航系统进行导航定位过程中需要使用卫星星历，用于计算观测瞬间的卫星位置。卫星导航系统的地面监控网络连续跟踪全部导航卫星并将观测数据传送至主控站，主控站依据各跟踪站的观测数据计算卫星轨道，并以用户计算量最小的方式将导航卫星轨道信息(广播星历)注入至卫星存储单元，以按时随测距信号发播给用户使用。

本章重点介绍卫星的二体问题轨道知识和影响导航卫星的摄动因素，简要介绍导航卫星的广播星历以及利用其计算观测瞬间卫星位置的方法。

4.1　卫星运动的二体问题轨道

牛顿万有引力定律和开普勒三定律是解算卫星运动二体问题轨道的理论基

础，可以由此推导出描述卫星运动二体问题轨道的 6 个轨道根数(也称为轨道参数)。

在如图 4.1 所示的地心惯性坐标系 $O\text{-}XYZ$ 中，地球质心位于原点 O，卫星 S 的位置矢量为 r，考虑地球质量远大于卫星质量，由牛顿万有引力定律，有

$$\ddot{\boldsymbol{r}}=-\frac{GM}{r^2}\frac{\boldsymbol{r}}{r} \tag{4.1}$$

其中，GM 为地球引力常数。这里令 $\mu=GM$，将式(4.1)写成坐标分量形式

$$\begin{cases}\ddot{X}=-\mu\dfrac{X}{r^3}\\ \ddot{Y}=-\mu\dfrac{Y}{r^3}\\ \ddot{Z}=-\mu\dfrac{Z}{r^3}\end{cases} \tag{4.2}$$

显然，式(4.2)为 3 个二阶非线性常微分方程组成的微分方程组，在积分求解过程中将产生 6 个独立的积分常数。

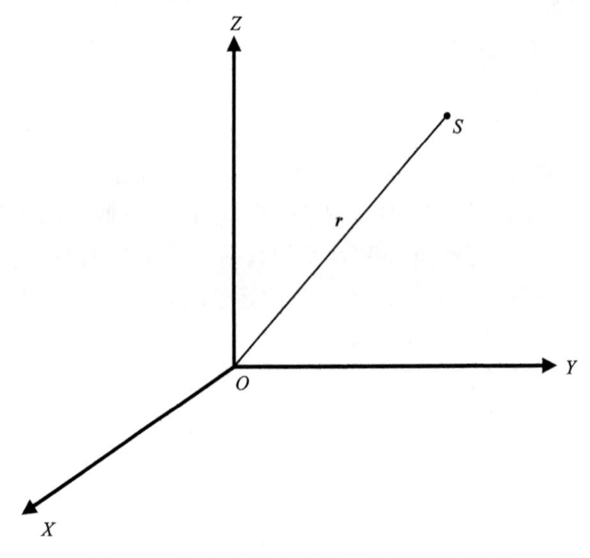

图 4.1　惯性坐标系中的二体问题示意图

4.1.1　开普勒三定律

德国天文学家开普勒在对前人观测行星运动的资料进行详细分析和推算后发现，行星运动的规律就是常说的开普勒三定律。行星绕太阳运动和月球绕地球运

动都遵循这三大定律。人造卫星绕地球的运动规律也遵循开普勒三定律。

开普勒第一定律：卫星运行的轨道是一个椭圆，地球位于该椭圆的一个上焦点。如图 4.2 所示，椭圆为卫星 S 的运行轨道，其长半轴为 a，地球位于椭圆焦点 O。卫星离地球最近的点称为近地点(Perigee)、离地球最远的点称为远地点(Apogee)，近地点和远地点位于椭圆长轴的两端。$\boldsymbol{r}$ 为卫星的向径，f 为卫星的真近点角。

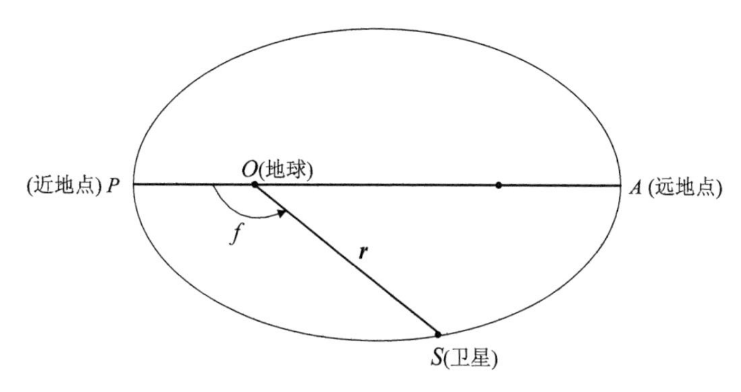

图 4.2　开普勒第一定律示意图

开普勒第二定律：卫星运行时，其向径在相同时间内扫过的面积相等。如图 4.3所示，P 为近地点，A 为远地点，区域 OS_1S_2、OS_3S_4 和 OS_5S_6 为卫星地心向径在相同时间扫过的面积，由于向径长度的变化，若要保持向径在相同时间内扫过的面积相等，则说明卫星在椭圆轨道上运行的速度是变化的，在近地点处的运行速度最快，在远地点处的运行速度最慢。同时也说明卫星的真近点角 f 的变化是不均匀的。

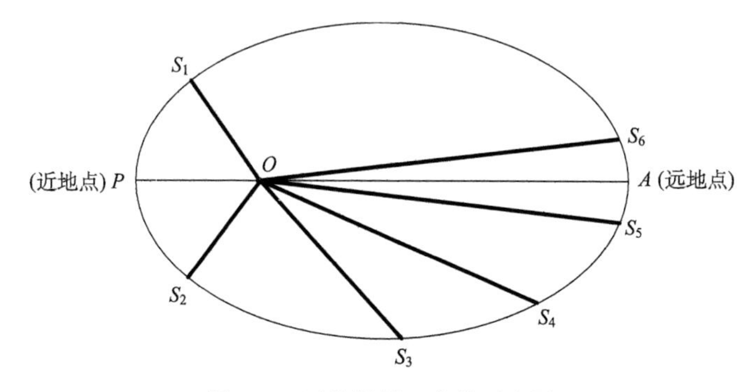

图 4.3　开普勒第二定律示意图

开普勒第三定律：卫星绕地球运行周期 T 的平方与卫星运行的椭圆轨道的

长半轴 a 的立方成正比，即

$$T^2 = \frac{4\pi^2}{\mu} a^3 \tag{4.3}$$

其中，$\mu = GM$ 为地球引力常数。

若卫星在轨道上运行的平均速度为 n，则有

$$n = \frac{2\pi}{T} = \sqrt{\frac{\mu}{a^3}} \tag{4.4}$$

4.1.2　卫星的轨道根数

卫星在空间绕地球的运动遵循开普勒三定律，在地球引力的作用下，卫星绕地球运动的轨道是一个椭圆。式(4.2)为卫星绕地球运动二体问题的基本运动方程，有多种方法可以获得该运动方程的解析解，找到6个相互独立的积分常数。以下略去详细的推导过程，介绍一组意义明确且相互独立的积分常数(a，e，i，Ω，ω，τ)，称为描述卫星运动状态的6个轨道根数，它们确定了卫星轨道在空间与地球的几何关系及卫星在轨运行的相对位置。

(1) 轨道长半轴 a：近地点和远地点连线的一半，是确定椭圆轨道形状的一个必不可少的参数。

(2) 轨道偏心率 e：是描述椭圆轨道形状的重要参数，$e \neq 0$ 时称为椭圆轨道，$e \approx 0$ 时称为近圆轨道或圆轨道。

(3) 轨道倾角 i：卫星轨道平面与天赤道平面的夹角。

(4) 升交点赤经 Ω：卫星沿轨道运动与天赤道平面有两个交点，其中卫星由南向北运动经过的交点称为升交点。升交点赤经是由春分点沿天赤道向东度量到升交点的角距。

(5) 近地点角距 ω：卫星轨道近地点方向与升交点方向的夹角。

(6) 过近地点时刻 τ：卫星沿轨道运动经过近地点的时刻。

其中，过近地点时刻 τ 可以被真近点角 f 或平近点角 M 代替。真近点角 f 是指卫星在轨运动瞬时位置向量方向与近地点方向的夹角，平近点角 M 的定义见4.1.3节。

上述6个轨道根数的物理意义是：轨道长半轴 a 和轨道偏心率 e 确定了卫星运动椭圆轨道的形状；轨道倾角 i 和升交点赤经 Ω 确定了卫星轨道平面在地心惯性坐标系的位置；近地点角距 ω 确定了卫星运动椭圆轨道的定向；有了过近地点时刻 τ 就可以确定卫星在轨运动的瞬时位置(如利用过近地点时刻 τ 可方便地计算卫星的真近点角 f)。如图4.4所示，在二体问题情况下，若已知6个轨道根数，就可以唯一地确定卫星的运动状态，或者说可以确定任意时刻卫星的空间位置和运动速度。

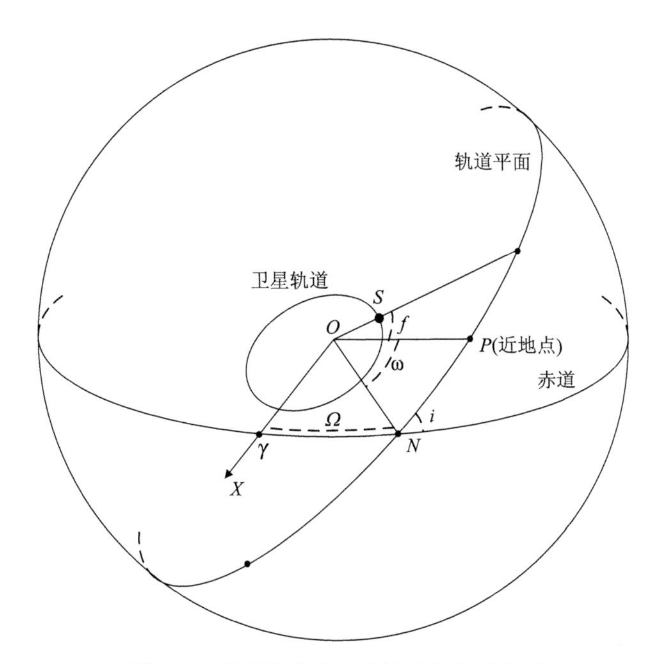

图 4.4　卫星轨道的 6 个轨道根数示意图

4.1.3　卫星轨道的三种近点角及其关系

如图 4.5 所示，卫星 S 沿椭圆轨道绕地球运行，椭圆中心为 O，地球位于椭圆的一个焦点上 O'，P 为近地点，A 为远地点。当卫星处于轨道上任意一点 S 时，卫星的位置向量 $\boldsymbol{r}$ 与近地点方向的夹角为真近点角 f。

以椭圆中心 O 为圆心、椭圆长半轴 a 为半径作辅助圆，过 S 点作近地点方向的垂线 SH 延长交辅助圆于 S'（卫星在辅助圆上的投影点），连接 OS'，则 OS' 与 x 轴的夹角称为偏近点角 E。

经过推导可以得到由偏近点角 E 计算真近点角 f 的公式：

$$\tan\frac{f}{2}=\sqrt{\frac{1+e}{1-e}}\tan\frac{E}{2} \tag{4.5}$$

设卫星在椭圆轨道上运行，其过近地点时刻为 τ，卫星运行至 S 点的时刻为 t，则卫星偏近点角 E 与卫星运行平均速度 n 及过近地点时刻 τ 的关系可由著名的开普勒方程决定：

$$E-e\sin E=n(t-\tau) \tag{4.6}$$

令 $M=n(t-\tau)$，则开普勒方程可写为

$$M=E-e\sin E \tag{4.7}$$

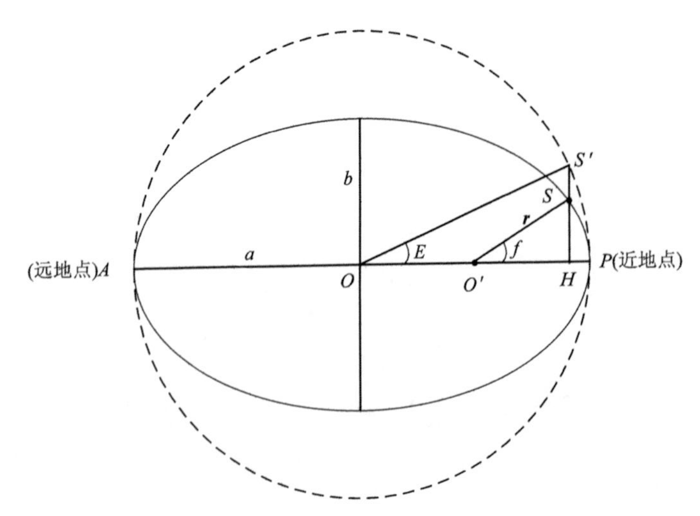

图 4.5　真近点角与偏近点角几何关系示意图

若令 $M_0=n\tau$，则 $M=nt-M_0$。可以看出，M 随时间 t 以平均角速度 n 变化，M 称为平近点角，M_0 称为卫星过近地点时刻的平近点角。

如果知道卫星过近地点时刻 τ，由式(4.6)和式(4.5)可以计算出卫星的真近点角，因此，可以用卫星过近地点时刻 τ 代替卫星的真近点角 f 作为第 6 个轨道根数。同时，M_0 与 τ 存在关系 $M_0=n\tau$，显然，它又可以代替过近地点时刻 τ 作为轨道根数。因此，描述卫星运动状态的 6 个轨道根数也常用(a，e，i，Ω，ω，M_0)表示。而在卫星导航系统中，M_0 为卫星星历参考时刻 t_{oe} 的平近点角。

开普勒方程(式(4.7))为平近点角 M 和偏近点角 E 的数学关系，它是一个超越方程，一般无解析解。在已知偏近点角 E 时，可以简便地求得平近点角 M；反之，已知平近点角 M 却不易求得偏近点角 E。根据卫星星历计算卫星位置恰是后一种情况。此时，可以采用迭代法求出满足一定精度要求的近似解。

1) 直接迭代法

赋初值

$$E_0=M_0 \tag{4.8}$$

迭代公式为

$$E_{i+1}=M+e\sin E_i \tag{4.9}$$

迭代终止条件为

$$|E_{i+1}-E_i|\leqslant \varepsilon \tag{4.10}$$

其中，ε 为收敛标准，其值根据精度要求给定。

2）牛顿迭代法(微分改正法)

由开普勒方程，记

$$f(E)\equiv(E-e\sin E)-M \tag{4.11}$$

根据

$$\begin{aligned}&f(E_{i+1})=f(E_i)+f'(E_i)(E_{i+1}-E_i)+\cdots\\&f'(E_i)=1-e\cos E_i\end{aligned} \tag{4.12}$$

只取一阶导数，有迭代公式

$$E_{i+1}=E_i-\frac{f(E_i)}{f'(E_i)} \tag{4.13}$$

取初值 $E_0=M_0$，终止条件为 $|E_{i+1}-E_i|\leqslant\varepsilon$，$i=0，1，2，\cdots$。

4.1.4　二体问题下的卫星位置与速度计算

根据卫星的6个轨道根数求某一时刻 t 卫星位置(某些应用问题还包括卫星速度)也称为卫星的星历计算，二体问题卫星星历计算步骤如下所示。

1. 卫星位置计算

(1) 利用已知的轨道根数 a 计算卫星的平均角速度 n。

$$n=\frac{2\pi}{T}=\sqrt{\frac{\mu}{a^3}} \tag{4.14}$$

(2) 利用已知的轨道根数 τ(或 M_0)、e 和开普勒方程计算偏近点角 E。

$$M=n(t-\tau) \tag{4.15}$$

$$M=E-e\sin E \tag{4.16}$$

(3) 计算卫星向量的模 r。

$$r=a(1-e\cos E) \tag{4.17}$$

(4) 计算卫星的真近点角 f。

$$\tan\frac{f}{2}=\sqrt{\frac{1+e}{1-e}}\tan\frac{E}{2} \tag{4.18}$$

(5) 计算卫星在轨道平面直角坐标系(o'-x'，y')中的位置(x'，y')。

如图4.6所示，建立轨道平面直角坐标系(o'-x'，y')，其中 x'轴指向近地点方向，y'轴与 x'轴构成右手坐标系，则有

$$\begin{cases}x'=r\cos f\\y'=r\sin f\end{cases} \tag{4.19}$$

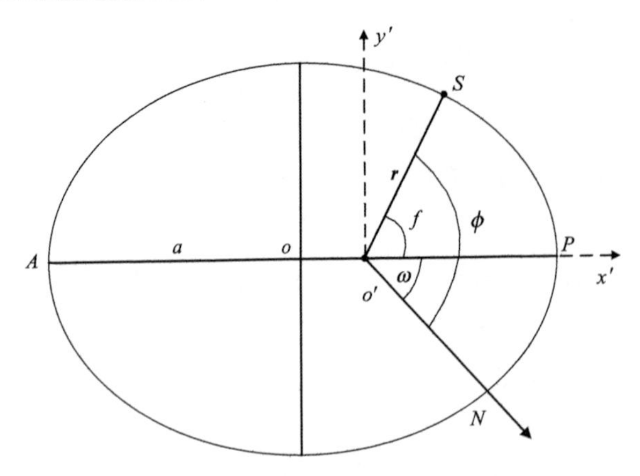

图 4.6　轨道平面直角坐标系(O'-x'，y')示意图

(6) 利用已知的轨道根数 i 和 Ω 进行坐标变换，计算卫星在地心直角坐标系(地心惯性坐标系)的坐标(X，Y，Z)。

如图 4.6 所示，卫星在轨道面直角坐标系(o'-x'，y'，z')的位置为(x'，y'，0)，将轨道面直角坐标系(o'-x'，y'，z')依次绕 z'轴、x'轴、y'轴旋转$-\omega$、$-i$、$-\Omega$，得到卫星在地心惯性坐标系的坐标(X，Y，Z)为

$$\begin{bmatrix} X \\ Y \\ Z \end{bmatrix} = \boldsymbol{R}_3(-\Omega)\boldsymbol{R}_1(-i)\boldsymbol{R}_3(-\omega)\begin{bmatrix} x' \\ y' \\ 0 \end{bmatrix} \tag{4.20}$$

在实际的卫星导航定位中，卫星星历计算与上述方法稍有不同。以 GPS 为例，在完成步骤(4)计算 f 之后，按照以下步骤计算卫星在地心惯性坐标系的坐标(X，Y，Z)。

(5)′ 利用已知的轨道根数 ω 计算卫星的幅角 ϕ。

如图 4.6 所示，建立轨道面内的极坐标系(o'-r，θ)，极轴 x 指向升交点方向。由图 4.6 可知

$$\phi = f + \omega \tag{4.21}$$

(6)′ 计算在轨道面的直角坐标(x，y)。

$$\begin{cases} x = r\cos\phi \\ y = r\sin\phi \end{cases} \tag{4.22}$$

(7)′ 计算卫星在地心直角坐标系(地心惯性坐标系)的坐标(X，Y，Z)。

$$\begin{bmatrix} X \\ Y \\ Z \end{bmatrix} = \boldsymbol{R}_3(-\Omega)\boldsymbol{R}_1(-i)\begin{bmatrix} x \\ y \\ 0 \end{bmatrix} \tag{4.23}$$

2. 卫星速度计算

为了方便计算卫星的速度，如图 4.6 所示，在轨道平面内取近地点方向的单位矢量为 $\boldsymbol{P}$，在轨道平面内按卫星运动方向取与 $\boldsymbol{P}$ 成 90°的单位矢量为 $\boldsymbol{Q}$，其在轨道平面的直角坐标分量形式为

$$\boldsymbol{P}=\begin{bmatrix}1\\0\\0\end{bmatrix},\quad \boldsymbol{Q}=\begin{bmatrix}0\\1\\0\end{bmatrix} \tag{4.24}$$

由于卫星矢径 $\boldsymbol{r}$ 在轨道平面上，它可以是由沿 $\boldsymbol{P}$、$\boldsymbol{Q}$ 两个方向上的矢量相加而得到，即

$$r=r\cos f\cdot\boldsymbol{P}+r\sin f\cdot\boldsymbol{Q} \tag{4.25}$$

又

$$r=a(1-e\cos E) \tag{4.26}$$

同时，由偏近点角和真近点角的关系

$$\sin f=\frac{\cos E-e}{1-e\cos E} \tag{4.27}$$

$$\sin f=\frac{\sqrt{1-e^2}\sin E}{1-e\cos E} \tag{4.28}$$

可得卫星在轨道平面直角坐标系的坐标

$$\begin{bmatrix}x\\y\\z\end{bmatrix}=\boldsymbol{r}=a(\cos E-e)\cdot\boldsymbol{P}+a\sqrt{1-e^2}\sin E\cdot\boldsymbol{Q} \tag{4.29}$$

单位矢量 $\boldsymbol{P}$、$\boldsymbol{Q}$ 在地心直角坐标系(地心惯性坐标系)的坐标分量形式同样可以通过将它们分别绕 z 轴、x 轴、y 轴旋转 $-\omega$、$-i$、$-\Omega$ 得到，即

$$\boldsymbol{P}'=\boldsymbol{R}_3(-\Omega)\boldsymbol{R}_1(-i)\boldsymbol{R}_3(-\omega)\boldsymbol{P},\quad \boldsymbol{Q}'=\boldsymbol{R}_3(-\Omega)\boldsymbol{R}_1(-i)\boldsymbol{R}_3(-\omega)\boldsymbol{Q} \tag{4.30}$$

$$\boldsymbol{P}'=\begin{bmatrix}\cos\omega\cos\Omega-\sin\omega\sin\Omega\cos i\\ \cos\omega\sin\Omega+\sin\omega\cos\Omega\cos i\\ \sin\omega\sin i\end{bmatrix},\quad \boldsymbol{Q}'=\begin{bmatrix}-\sin\omega\cos\Omega-\cos\omega\sin\Omega\cos i\\ -\sin\omega\sin\Omega+\cos\omega\cos\Omega\cos i\\ \cos\omega\sin i\end{bmatrix} \tag{4.31}$$

卫星在地心惯性坐标系的坐标(X，Y，Z)可表示为

$$\begin{bmatrix} X \\ Y \\ Z \end{bmatrix} = \boldsymbol{r} = a(\cos E - e) \cdot \boldsymbol{P}' + a\sqrt{1-e^2}\sin E \cdot \boldsymbol{Q}' \tag{4.32}$$

利用上式可以推求卫星的运动速度。由于 a、e、$\boldsymbol{P}$、$\boldsymbol{Q}$ 均与时间 t 无关，只有 E 是随时间变化，因此，将式(4.32)对时间 t 求导，可得

$$\begin{bmatrix} \dot{X} \\ \dot{Y} \\ \dot{Z} \end{bmatrix} = \dot{\boldsymbol{r}} = -a\sin E \frac{\mathrm{d}E}{\mathrm{d}t} \cdot \boldsymbol{P}' + a\sqrt{1-e^2}\cos E \frac{\mathrm{d}E}{\mathrm{d}t} \cdot \boldsymbol{Q}' \tag{4.33}$$

由开普勒方程可求得

$$\frac{\mathrm{d}E}{\mathrm{d}t} = \frac{n}{1 - e\cos E} \tag{4.34}$$

并且

$$n = \sqrt{\frac{\mu}{a^3}} \tag{4.35}$$

最终可得

$$\begin{bmatrix} \dot{X} \\ \dot{Y} \\ \dot{Z} \end{bmatrix} = \dot{\boldsymbol{r}} = \frac{\sqrt{\mu}\sin E}{\sqrt{a}(1 - e\cos E)} \cdot \boldsymbol{P}' + \frac{\sqrt{\mu}\sqrt{1-e^2}\cos E}{\sqrt{a}(1 - e\cos E)} \cdot \boldsymbol{Q}' \tag{4.36}$$

按照上述计算公式，根据已知的卫星轨道根数及求得的偏近点角，可直接计算得到卫星在地心惯性坐标系中基于二体问题轨道的位置与速度。

4.2 导航卫星轨道的摄动影响

导航卫星在空间绕地球运动过程中，除了受到地球的引力作用，还受到太阳、月球和其他天体的引力以及太阳光辐射压力、地球潮汐力等因素的影响。把作用于卫星上的力按其影响的大小分为两类：一类是中心引力，是假定地球为匀质正球体时所产生的引力，决定着卫星运动的基本规律和轨道特性；另一类是非中心力，也称为摄动力，包括地球非球形引力摄动、日月引力摄动、太阳光压摄动、地球潮汐(包括固体潮和海潮)摄动以及相对论效应摄动等。由于导航卫星的轨道较高，大气阻力摄动对卫星轨道的影响可以忽略。

考虑只受中心引力作用的卫星运动轨道称为二体问题轨道，也称为开普勒轨道，4.1 节讨论了 6 个开普勒轨道根数并通过数学模型精确计算卫星的位置和速

度。同时考虑中心力作用和摄动力影响时的卫星运动轨道称为摄动轨道，一般通过对摄动力的建模并利用数值积分的方法来计算卫星位置和速度。本节简要介绍导航卫星受到的摄动力及其影响。

卫星受摄动力影响的运动方程为

$$\ddot{\boldsymbol{r}}=-\frac{\mu_e}{r^3}r+\ddot{\boldsymbol{r}}_E+\ddot{\boldsymbol{r}}_S+\ddot{\boldsymbol{r}}_M+\ddot{\boldsymbol{r}}_e+\ddot{\boldsymbol{r}}_o+\ddot{\boldsymbol{r}}_{SP}+\ddot{\boldsymbol{r}}_A \tag{4.37}$$

其中，μ_e 为地球引力常数；r 为地心距(卫星位置矢量的模)；$\ddot{\boldsymbol{r}}_E$ 为地球非球形引力摄动；$\ddot{\boldsymbol{r}}_S$、$\ddot{\boldsymbol{r}}_M$ 为日、月引力摄动；$\ddot{\boldsymbol{r}}_e$、$\ddot{\boldsymbol{r}}_o$ 为地球潮汐摄动(分别为固体潮和海潮摄动)；$\ddot{\boldsymbol{r}}_{SP}$、$\ddot{\boldsymbol{r}}_A$ 为太阳光压摄动(分别为直接光压和地球反照压摄动)。

4.2.1　地球非球形引力摄动

在地固坐标系中，地球引力位的球谐函数表达式为

$$V=\frac{\mu_e}{r}\left[1+\sum_{n=2}^{N}\sum_{k=0}^{n}\left(\frac{a_e}{r}\right)^n\overline{P}_{nk}(\sin\varphi)(\overline{C}_{nk}\cos k\lambda+\overline{S}_{nk}\sin k\lambda)\right] \tag{4.38}$$

式(4.38)中第一项为地球中心引力位，第二项为地球非球形摄动力位(简称地球摄动位)。在卫星所受的各种摄动力影响中，地球摄动影响最大。地球摄动力是保守力，其摄动位函数 R 可以表示成如下球谐函数的形式：

$$R=\frac{\mu_e}{r}\sum_{n=2}^{N}\sum_{k=0}^{n}\left(\frac{a_e}{r}\right)^n\overline{P}_{nk}(\sin\varphi)(\overline{C}_{nk}\cos k\lambda+\overline{S}_{nk}\sin k\lambda) \tag{4.39}$$

其中，a_e 为地球赤道半径；μ_e 为地球引力常数；r 为卫星在地固坐标系的地心距；φ 为卫星在地固坐标系的地心纬度；λ 为卫星在地固坐标系的地心经度；$\overline{C}_{nk}$、$\overline{S}_{nk}$ 为归一化的地球引力位系数；$\overline{P}_{nk}(\sin\varphi)$ 为归一化的勒让德多项式；N 为所取的地球引力位模型的阶数。

总体而言，在地球非球形引力摄动影响下，卫星轨道的长半轴 a、偏心率 e、倾角 i 无长期变化，但由于在计算中排除了摄动函数的短周期项，因此不排除这些参数在平衡位置附近的较小摆动；然而，地球非球形引力摄动将使升交点赤经 Ω、近地点角距 ω 和平近点角 M 产生随时间成正比的长期变化以及在长期变化附近的短周期小量变化。

1. 轨道平面在空间的旋转

地球非球形引力摄动导致卫星轨道平面在空间产生旋转，表现为升交点沿天球赤道缓慢进动，使升交点赤经 Ω 产生变化，其变化率为

$$\dot{\Omega}=-\frac{3nJ_2}{2}\left[\frac{a_e}{a(1-e^2)}\right]^2\cos i \tag{4.40}$$

其中，n 为卫星的平均角速度；J_2 为地球引力场二阶带谐项系数(在描述卫星轨道时，常用 J_2 代替 $\bar{C}_{20}$，$\bar{C}_{20} \approx -0.5 \times 10^{-3}$，$J_2 = -\sqrt{5}\bar{C}_{20} \approx 1.1 \times 10^{-3}$)；$a_e$ 为地球椭球的长半轴；a 为卫星轨道的长半轴；e 为卫星轨道的偏心率；i 为卫星轨道面的倾角。

升交点赤经 Ω 的变化率为负意味着轨道平面不断西退，称为轨道面的进动。进动速度取决于轨道长半轴 a 和轨道面倾角 i。例如，GPS 卫星的高度约为 20000km，倾角约为 55°，因此，它的轨道面进动速度约为 0.039°/天。

2. 近地点在轨道面内旋转

在地球非球形引力摄动下，卫星轨道椭圆以不变的形状在轨道平面内产生长期旋转，表现为长半轴在轨道面内缓慢旋转，使卫星的近地点角距 ω 产生变化，其变化率为

$$\dot{\omega} = -\frac{3nJ_2}{4}\left[\frac{a_e}{a(1-e^2)}\right]^2(1-5\cos^2 i) \tag{4.41}$$

其中，符号的意义同前。

由式(4.41)可以看出，当 $1-5\cos^2 i = 0$ 或 $i = 63.4°$ 时，$\dot{\omega} = 0$。此时长半轴在轨道面内不产生旋转；当 $i < 63.4°$ 时，长半轴旋转方向与卫星运动方向一致；当 $i > 63.4°$ 时，长半轴旋转方向与卫星运动方向相反。

3. 平近点角 *M* 的变化

地球非球形引力摄动还使得卫星的平近点角 M 产生变化，其变化率为

$$\dot{M} = -\frac{3nJ_2}{4}\left[\frac{a_e}{a(1-e^2)}\right]^2(1-3\cos^2 i)\sqrt{1-e^2} \tag{4.42}$$

其中，符号的意义同前。

4.2.2 日、月引力摄动

卫星绕地球运行，不仅受到地球引力的影响，而且还受到月球、太阳和其他行星引力的影响，通常将这种影响称为第三体引力摄动。若只考虑日、月引力的影响，则称为日、月引力摄动。地球在太阳和月球等天体的引力作用下其运动状态会发生改变。

如果将日、月与地球都看成质点，根据非惯性坐标系中卫星受力分析，可以分别得到日、月引力摄动加速度为

$$\ddot{\boldsymbol{r}}_S = Gm_S\left(\frac{\ddot{\boldsymbol{r}}_S - \boldsymbol{r}}{|\ddot{\boldsymbol{r}}_S - \boldsymbol{r}|^3} - \frac{\ddot{\boldsymbol{r}}_S}{\boldsymbol{r}_S^3}\right) \tag{4.43}$$

$$\ddot{\boldsymbol{r}}_M = Gm_M\left(\frac{\boldsymbol{r}_M - \boldsymbol{r}}{|\boldsymbol{r}_{MS} - \boldsymbol{r}|^3} - \frac{\boldsymbol{r}_M}{\boldsymbol{r}_M^3}\right) \tag{4.44}$$

其中，G 为万有引力常数；m_S 和 m_M 分别为太阳质量和月球质量；$\boldsymbol{r}$ 为卫星相对地球质心的位置矢量；$\boldsymbol{r}_S$ 和 $\boldsymbol{r}_M$ 分别为太阳质心和月球质心相对地球质心的位置矢量。

对于高度为 20000km 的导航卫星，月球引力摄动加速度约为 $5\times10^{-6}\text{m/s}^2$，太阳引力摄动加速度约为 $2\times10^{-6}\text{m/s}^2$，其他行星的影响只有约 $3\times10^{-10}\text{m/s}^2$。

4.2.3　太阳光压摄动

太阳光压摄动是由于太阳光辐射到卫星上并对其产生压力造成的。太阳光压可分为太阳直接照射到卫星上产生的直接辐射压和地球反射太阳光照到卫星上的间接辐射压(也称地球反射压)，相对于直接辐射压，地球反射压较小，对于导航卫星，估计地球反射压为直接辐射压的 1%～2%，因此，在计算导航卫星太阳光压时常将地球反射压忽略不计。卫星离地面高度越大，太阳光压摄动的影响越大，特别是对一些面质比较大的卫星，影响更加明显(如导航卫星中的地球同步卫星)。只有当卫星位置处于地球和月球的阴影之外时才产生太阳光压摄动。

太阳光压对卫星轨道的摄动力大小，取决于太阳的照射强度、卫星被照射的面积、照射面方向与太阳光照方向的几何关系以及照射面的反射和吸收特性等要素。以标准球模型为例，可以用如下形式描述太阳直接辐射光压作用对卫星轨道所产生的摄动加速度：

$$\ddot{\boldsymbol{r}}_{SP}=\lambda\rho_{SR}C_R\frac{S_R}{m}\boldsymbol{r}_S \tag{4.45}$$

其中，λ 为受晒因子；ρ_{SR} 为作用在离太阳一个天文单位 a_U 处黑体上的光压，一般取 $\rho_{SR}=4.560\times10^{-6}\text{N/m}^2$；$C_R$ 为卫星的表面反射系数，一般取值在 1～1.44，其中完全吸收时 $C_R=1$，完全漫反射时 $C_R=1.44$；S_R/m 为卫星的面质比；$\boldsymbol{r}_S$ 为太阳质心相对地球质心的位置矢量。

由于卫星结构复杂以及卫星运行中的姿态控制和地影等问题，太阳光压摄动对于卫星轨道实际影响的基本特征不同于地球非球形引力以及日、月引力等保守力的摄动效应，而是较它们更为复杂。在卫星导航系统中，除了标准球模型外，人们还研究了三角多项式模型、ROCK 系列模型等，来计算太阳光压对卫星轨道的摄动，在此不讨论其具体形式，读者可自行参考相关文献。对于高度为 20000km 的导航卫星(如 GPS 卫星)，由太阳直接光照产生的太阳光压摄动加速度约为 $1\times10^{-7}\text{m/s}^2$，地球反射的太阳光产生的地球反照压摄动约为直接光照产生的太阳光压摄动加速度的 1%～2%，约为 $1\times10^{-9}\text{m/s}^2$。

4.2.4　潮汐摄动

在日、月引力影响下，地球的弹性形变表现为固体潮、海潮和大气潮。在地球非球形摄动中描述的地球引力场模型对应的是一个不变形的刚体地球，但事实上地球并非刚体，在外部引力作用(主要是日、月)引起的潮汐形变的影响下，地球的质量分布将发生变化。在月球和太阳引力的作用下，地球的陆地部分会发生弹性形变，这种形变称为固体潮。在月球和太阳引潮位的作用下，海洋发生潮汐涨落的现象称为海潮。大气潮对卫星运动的影响比固体潮、海潮影响小两个量级以上。因此，一般情况下，主要考虑固体潮和海潮的影响。地球潮汐的这种变化使得作为地球内部结构和质量分布表征的引力场模型的球谐系数不再是常数，而是时间变化的函数。地球的这种形变摄动可以通过对引力场模型的球谐系数的修正，在地球非球形摄动计算中一并给出。其中，由固体潮引起的地球引力位的变化称为固体潮附加位。海潮的动力学影响也可通过对球谐系数的修正来描述。由于修正公式的复杂性，在此不作具体讨论，读者可自行参考相关文献。

对于导航卫星(如 GPS 卫星)，地球固体潮产生的摄动加速度相对以上摄动力产生的摄动加速度要小一些，约为 $1\times10^{-9}\mathrm{m/s^2}$，海潮的摄动影响就更小，约为 $5\times10^{-10}\mathrm{m/s^2}$。

4.2.5 导航卫星轨道的摄动综合影响

目前，导航卫星的运行轨道一般都在距地面 20000km 以上，在上述各种摄动力的作用下，卫星的基本轨道参数将各自发生一些变化。以 GPS 卫星为例，如上文提到的，卫星的长半轴 a、偏心率 e、倾角 i 虽无长期变化，但可能存在围绕平衡位置附近摆动，摆动幅值不会超过 10^{-3} 量级；升交点赤经 Ω、近地点角距 ω 和平近点角 M 则存在随时间成正比的长期变化以及在长期变化附近的短周期小量变化。

表 4.1 总结了各种摄动力对 GPS 卫星轨道位置产生的影响。表 4.2 给出了相对二体问题轨道，主要摄动力对 GPS 卫星真实轨道的基本轨道参数 4h 后的影响情况。

表 4.1 各种摄动力对 GPS 卫星轨道的影响

摄动力	摄动加速度($\mathrm{m/s^2}$)	对卫星轨道的影响	
		2h	3d
中心引力(比较用)	0.56	—	—
非球形摄动二阶带谐项 $\overline{C}_{20}$	5×10^{-5}	2000m	14000m
非球形摄动其他调谐项	3×10^{-7}	50～80m	100～1500m
日、月摄动	5×10^{-6}	5～150m	1000～3000m
固体潮摄动	1×10^{-9}	—	0.5～1.0m
海潮摄动	5×10^{-10}	—	0.0～2.0m
太阳光压摄动	1×10^{-7}	5～10m	100～800m
太阳反照光压摄动	1×10^{-9}		1.0～1.5m

表 4.2　主要摄动力对 GPS 卫星真实轨道的影响(4h 后)

轨道根数	地球引力场二阶带谐项 $\overline{C}_{20}$	高阶地球引力位	日月引力	太阳光压
a	2600m	20m	220m	5m
e	1600m	5m	140m	5m
i	800m	5m	80m	2m
Ω	4800m	3m	80m	5m
$\omega+M$	1200m	4m	500m	10m

4.3　导航卫星的广播星历及卫星位置计算

卫星的运动可以用式(4.1)近似描述，但其实际的运动则是由式(4.37)决定的。根据对卫星的观测，利用位置和速度矢量可以计算出卫星在一个特定时刻(参考历元)的 6 个轨道根数，称为密切轨道根数。如果此时所有的摄动力在这个特定时刻消失，那么卫星从此将按照密切轨道根数所描述的二体问题轨道运动。但是，由于摄动力的存在，卫星的密切轨道根数将随时间缓慢变化，而在卫星的所有受力中，地球的中心引力是支配性的，所以卫星的密切轨道根数变化不快。

对于卫星导航定位，导航卫星的位置是定位的基准，除非是非常接近于参考历元，否则仅用密切轨道根数来计算导航卫星的位置是不够的。解决这个问题的办法，要么是频繁更新密切轨道根数，要么是接收机包括详细的摄动力模型并对导航卫星受摄运动方程从参考历元到所需时刻进行积分计算。由于这两种方法计算量大，对于实际的卫星导航定位是不现实的。因此，卫星导航系统采用了“校正参数”的办法，对密切轨道根数进行扩充，使得用户能够在两次星历参数更新之间的时间段内计算得到相当精确的卫星位置。也就是说，在一个特定的时刻(参考历元)之后，接收机可以利用轨道根数和校正参数来计算所希望时刻的卫星位置。

导航卫星的这些轨道根数和校正参数通过导航电文随导航信号一起发播(导航电文中还包括其他用于导航定位所需的相关信息)，因此这些参数也被称为广播星历参数。以 GPS 为例，简要介绍其广播星历参数及卫星位置计算方法。

按照 GPS 空间段与用户段接口文件[IS-GPS-200D(2004)]中的定义，GPS 广播星历参数除了星历参考历元(时刻)t_{oe}和星历数据龄期 IODE 外，还包括以下 15 个参数。

1) 6 个开普勒根数(密切轨道根数)

(1) 轨道长半轴平方根$\sqrt{a}$;
(2) 轨道偏心率 e;
(3) 轨道倾角 i_0(在 t_{oe}时刻);
(4) 升交点经度 Ω_0(在 GPS 周开始时刻);
(5) 近地点角距 ω;
(6) 平近点角 M_0(在 t_{oe}时刻)。

这里用轨道长半轴平方根$\sqrt{a}$代替轨道长半轴 a,用平近点角 M 代替卫星过近地点时刻 τ(真近点角 f)。

2) 9 个摄动参数(校正参数)

(1) 平均运动角速率的改正数 Δn;
(2) 升交点赤经的变化率 $\dot{\Omega}$;
(3) 轨道倾角的变化率 $\dot{i}$;
(4) 升交点幅角的正、余弦调和改正项的振幅 C_{us}、C_{uc};
(5) 轨道倾角的正、余弦调和改正项的振幅 C_{is}、C_{ic};
(6)地心距的正、余弦调和改正项的振幅 C_{rs}、C_{rc}。

利用上述 15 参数,通过给定的算法,可计算得到 GPS 卫星在 WGS-84 坐标系中的位置,如表 4.3 所示。

表 4.3　GPS 广播星历参数计算卫星位置的方法

计算半长轴 a	$a=(\sqrt{a})^2$
计算卫星平均角速度 n_0	$n_0=\sqrt{\dfrac{GM}{a^3}}$
计算瞬时历元 t 到参考历元 t_{oe} 的时间差 t_k	$t_k=t-t_{oe}$
计算修正后的平均角速度 n	$n=n_0+\Delta n$
计算平近点角 M_k	$M_k=M_0+nt_k$
迭代计算偏近点角 E_k	$E_k=M_k-e\sin E_k$
计算真近点角 f_k	$\begin{cases}\cos f_k=\dfrac{\cos E_k-e}{1-e\cos E_k}\\ \sin f_k=\dfrac{\sqrt{1-e^2}\sin E_k}{1-e\cos E_k}\end{cases}$
计算纬度参数 ϕ_k	$\phi_k=f+\omega$

续表

计算周期改正项 δu_k、δr_k、δi_k	$\begin{cases}\delta u_k=C_{us}\sin2\phi_k+C_{uc}\cos2\phi_k\\ \delta r_k=C_{rs}\sin2\phi_k+C_{rc}\cos2\phi_k\\ \delta i_k=C_{is}\sin2\phi_k+C_{ic}\cos2\phi_k\end{cases}$
计算改正后的纬度参数 u_k	$u_k=\phi_k+\delta u_k$
计算改正后的向径 r_k	$r_k=a(1-e\cos E_k)+\delta r_k$
计算改正后的倾角 i_k	$i_k=i_0+\dot{i}\cdot t_k+\delta i_k$
计算卫星在轨道平面内的坐标 x'_k，y'_k	$x'_k=r_k\cos u_k$ $y'_k=r_k\sin u_k$
计算修正后升交点的经度 Ω_k	$\Omega_k=\Omega_0+(\dot{\Omega}-\dot{\Omega}_e)t_k-\dot{\Omega}_e t_{oe}$
计算卫星在地固坐标系中的坐标 x_k，y_k，z_k	$x_k=x'\cos\Omega_k-y'_k\cos i_k\sin\Omega_k$ $y_k=x'\sin\Omega_k+y'_k\cos i_k\cos\Omega_k$ $z_k=y'_k\sin i_k$

由表4.3可以看出，根据GPS广播星历参数计算卫星位置的基础是卫星二体问题轨道计算公式，只是增加了利用校正参数计算部分参数的改正项。按照表4.3计算真近点角 f_k 时，注意必须同时计算出 $\sin f_k$ 和 $\cos f_k$，以判断 f_k 的象限，也可以按照二体问题轨道计算公式(4.18)计算 $\tan\frac{f_k}{2}$。此外，根据GPS空间段与用户段接口文件[IS-GPS-200D(2004)]，地球引力常数取为 $GM=3.986\,005\times10^{14}\mathrm{m}^3/\mathrm{s}^2$，地球自转角速度取为 $\dot{\Omega}_e=7.2921151467\times10^{-5}$ rad/s，π值精确到 $\pi=3.1415926535898$。

第5章　导航定位数据处理基础

在导航定位过程中或者结束后，经常需要对导航定位数据进行处理，被处理的数据通常称为测量数据，它可以是导航定位设备(仪器)直接输出的结果，也可以是导航定位设备(仪器)直接输出的经过某种变换后的结果。由于设备(仪器)的特性受状态、所处环境、人员使用与操作等因素的影响，任何测量数据总是不可避免地产生误差。如何处理带有误差的测量数据，找到待求量(待求参数)的最佳估计值并对其作出合理的精度评价是导航定位中涉及的基本内容。本章主要介绍测量误差的一些基本概念以及常用的两种参数估计方法——最小二乘法和卡尔曼滤波。

5.1　测量误差与测量精度的基本概念

当对某个对象进行重复测量时会发现，在同一个量的测量结果(测量值)之间，或者在各测量值与真实值(真值)或理论上的应有值之间存在差异，其原因是测量值中包含有测量误差。测量误差是指测量结果(测量值)与真实值(真值)之间存在的差异，简称误差。

5.1.1　测量误差

1. 测量误差的来源

产生测量误差的原因很多，概括起来有以下三方面：

(1) 测量设备(仪器)。由于测量设备(仪器)本身的机械、电气等性能误差，测量结果必然带有误差，如惯性导航系统中的陀螺与加速度计安装误差、卫星导航接收机内部时延和内部噪声等。

(2) 使用与操作人员。由于测量设备(仪器)使用者的感觉器官的鉴别能力存在一定局限性，同时其操作测量设备(仪器)的技术水平和工作态度，都可能产生测量误差。

(3) 外界环境。测量过程所处外部环境各种因素及其变化都会对测量数据造成直接影响，导致测量误差的产生。例如，卫星导航接收机所接收的来自空间导航卫星的信号，经过电离层、对流层都会发生信号延迟而产生测量误差。

上述三方面的因素是引起测量误差的主要来源，因此，常把这三方面的因素综合起来称为观测条件。不难想象，观测条件的好坏直接影响测量结果的优劣或测量误差的大小。

2. 测量误差的分类

根据测量误差的性质与特征以及对测量结果的影响，测量误差可分为偶然误差(随机误差)、系统误差和粗大误差(粗差)。

1）偶然误差

在相同的观测条件下，对同一量值进行多次测量，如果误差在大小和符号上都表现出偶然性，即单个误差在整个误差列中其大小和符号没有规律性，但就大量误差的总体而言，具有一定的统计规律，这种误差称为偶然误差。偶然误差就其总体而言，都具有一定的统计规律性，故有时又把偶然误差称为随机误差，其分布规律符合或近似符合正态分布。

如果测量数据的误差是许多微小偶然误差项的总和，则其总和也是偶然误差。这是测量数据中存在偶然误差最普遍的情况。根据概率统计理论可知，如果各个误差项对其总和的影响都是均匀的小，即其中没有一项比其他项的影响占绝对优势，那么它们的总和将是服从或近似服从正态分布的随机变量。

2）系统误差

在相同观测条件下，对同一量值进行多次测量，如果误差在大小和符号上都表现出系统性，或者在测量过程中误差按照一定规律变化，或者误差为某一常数，那么，这种误差称为系统误差。

系统误差与偶然误差在观测过程中总是同时产生，当测量中系统误差显著时，偶然误差处于次要地位，测量误差就呈现系统的性质；反之，则呈现偶然的性质。

系统误差对于测量结果的影响具有积累效应。在实际测量或数据处理中，应该设法予以消除或减弱，使其达到实际上可以忽略不计的程度，也就是使残余的系统误差小于或至多等于偶然误差的量级。如果在测量数据列中已经排除了系统误差的影响，或者与偶然误差相比系统误差已处于次要地位，则该测量数据列可以认为是带有偶然误差的数据列。通常可以通过合理的操作程序或者使用公式改正的方法来消除或减弱系统误差的影响。

3）粗差

粗差即粗大误差，它是指比在正常观测条件下所可能出现的最大误差还要大的误差。粗差一般是由于人为的失误引起，常以异常值或孤值形式出现，而它的出现会明显歪曲测量结果。通过加强操作人员的细心程度，一般程度上可以避免粗差的出现。但在使用当今高新技术测量技术(如全球卫星导航系统 GNSS、地理信息系统 GIS、遥感系统 GS)的自动化数据采集中，常会出现粗差混入信息之中的情况，此时识别粗差源并不是用简单方法就可以达到目的，而是需要利用一定的数据处理方法进行识别、消除或削弱其影响。

5.1.2 偶然误差的特性与精度指标

偶然误差可以看成随机变量，因此，有必要了解和掌握随机变量的特性以及描述测量数据精度的基本方法。

1. 随机变量的数字特征

1) 数学期望

将随机变量 X 的数学期望定义为随机变量取值的概率平均值，记作 $E(X)$。

如果 X 是离散型随机变量，其可能的取值为 $x_i(i=1, 2, \cdots)$，且 $X=x_i$ 的概率为 $P(X=x_i)=p_i$，则

$$E(X)=\sum_{i=1}^{\infty}x_i p_i \tag{5.1}$$

如果 X 是连续型随机变量，其概率分布密度为 $f(x)$，则

$$E(X)=\int_{-\infty}^{+\infty}xf(x)\mathrm{d}x \tag{5.2}$$

数学期望有如下性质：

(1) 若 C 为常数，则 $E(C)=C$；

(2) 若 C 为常数，X 为随机变量，则 $E(CX)=CE(X)$；

(3) 若 X 和 Y 为随机变量，则 $E(X+Y)=E(X)+E(Y)$；推广之，若 X_1，X_2，…，X_n 为随机变量，则

$$E(X_1+X_2+\cdots+X_n)=E(X_1)+E(X_2)+\cdots+E(X_n)$$

(4) 若 X 和 Y 为相互独立的随机变量，则 $E(XY)=E(X)E(Y)$；推广之，若 X_1，X_2，…，X_n 为两两相互独立的随机变量，则

$$E(X_1X_2\cdots X_n)=E(X_1)E(X_2)\cdots E(X_n)$$

2) 方差

随机变量 X 的方差记作 $D(X)$，其定义为 $D(X)=E\,[X-E(X)]^2$，其中 $E(X)$为 X的数学期望。

如果 X 是离散型随机变量，其可能的取值为 $x_i(i=1, 2, \cdots)$，且 $X=x_i$ 的概率为 $P(X=x_i)=p_i$，则

$$D(X)=\sum_{i=1}^{\infty}[x_i-E(X)]^2 p_i \tag{5.3}$$

如果 X 是连续型随机变量，其概率分布密度为 $f(x)$，则

$$D(X)=\int_{-\infty}^{+\infty}[x-E(X)]^2 f(x)\mathrm{d}x \tag{5.4}$$

数学期望有如下性质：

(1) 若 C 为常数，则 $D(C)=0$；

(2) 若 C 为常数，X 为随机变量，则 $D(CX)=C^2D(X)$；

(3) $D(X)=E(X^2)-[E(X)]^2$；

(4) 若 X 和 Y 为相互独立的随机变量，则 $D(X+Y)=D(X)+D(Y)$；推广之，若 X_1，X_2，…，X_n 为两两相互独立的随机变量，则有

$$D(X_1+X_2+\cdots+X_n)=D(X_1)+D(X_2)+\cdots+D(X_n)$$

3）协方差

协方差记作 σ_{XY}，它是表示两随机变量 X 和 Y 相关程度的一个度量指标，其定义为

$$\sigma_{XY}=E\{[X-E(X)][Y-E(Y)]\} \tag{5.5}$$

当 $\sigma_{XY}=0$ 时，表示两随机变量 X 和 Y 互不相关；若 $\sigma_{XY}\neq 0$，则表示两随机变量 X 和 Y 是相关的。

4）相关系数

两随机变量 X 和 Y 的相关性还可以用二者的相关系数 ρ_{XY} 表示，相关系数定义为

$$\rho_{XY}=\frac{\sigma_{XY}}{\sqrt{D(X)}\sqrt{D(Y)}}=\frac{\sigma_{XY}}{\sigma_X\sigma_Y} \tag{5.6}$$

其中，$\sqrt{D(X)}=\sigma_X$，$\sqrt{D(Y)}=\sigma_Y$ 分别称为随机变量 X 和 Y 的标准差。相关系数具有如下性质：$-1\leqslant\rho_{XY}\leqslant 1$。

2. 正态分布与偶然误差的特性

正态分布无论是在理论上还是在实际应用中都是非常重要的概率分布，同时它又是一种最为常见的概率分布，是处理测量数据误差的理论基础。

对于相互独立的随机变量 X_1，X_2，…，X_n，其总和为 $X=\sum_{1}^{n}X_i$，无论这些随机变量原来服从什么分布，也无论它们是同分布还是不同分布，只要它们具有有限的均值和方差，且其中每一个随机变量对其总和 X 的影响都是均匀的小，或者说，在总和 X 中没有一个随机变量比其他随机变量占有绝对优势，则总和 X 将是服从或近似服从正态分布的随机变量。例如，当对一个量进行测量时，不可避免地会受到许多偶然因素的影响，其中每一个因素都可能成为产生测量误差的基本项，总的测量误差将是这一系列基本误差项之和，如果每一个基本误差项对总的测量误差的影响是均匀的小，那么总的测量误差将是服从正态分布的随机变量。

1）一维正态分布

随机变量 ξ 服从正态分布，将其记为 $\xi \sim N(\mu,\sigma^2)$，它的分布密度为

$$f(x)=\frac{1}{\sqrt{2\pi}\sigma}e^{-\frac{(x-\mu)^2}{2\sigma^2}}\quad(-\infty<x<+\infty) \tag{5.7}$$

为书写方便，上式也常写为

$$f(x)=\frac{1}{\sqrt{2\pi}\sigma}\exp\left[-\frac{1}{2\sigma^2}(x-\mu)^2\right] \tag{5.8}$$

其中，参数 μ 和 σ 分别为随机变量的数学期望和标准差。参数 μ 表示随机变量分布的位置，参数 σ 表示随机变量分布的离散程度。相同 σ 不同 μ，以及相同 μ 不同 σ 对应正态分布如图 5.1 所示。

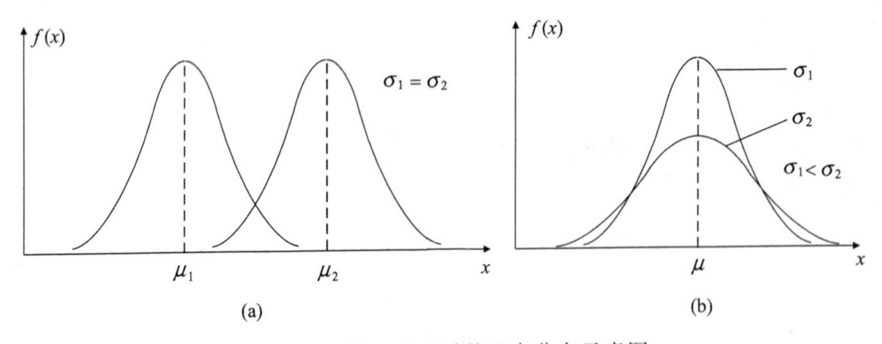

图 5.1　不同 μ 和 σ 时的正态分布示意图

$N(0,1)$称为标准正态分布，它的分布密度为

$$\varphi(x)=\frac{1}{\sqrt{2\pi}}e^{-\frac{x^2}{2}} \tag{5.9}$$

它的分布函数为

$$\Phi(x)=\frac{1}{\sqrt{2\pi}}\int_{-\infty}^{x}\mathrm{e}^{-\frac{t^2}{2}}\mathrm{d}t \tag{5.10}$$

出于使用方便的目的，通常将标准正态分布 $N(0,1)$的分布密度和分布函数计算出来并制成表格，供查阅。

正态分布随机变量 X 出现在给定区间$(\mu-k\sigma,\ \mu+k\sigma)$内($k$ 为正数)的概率为

$$P(\mu-k\sigma<X<\mu+k\sigma)=\int_{\mu-k\sigma}^{\mu+k\sigma}f(x)\mathrm{d}x=\frac{1}{\sqrt{2\pi}\sigma}\int_{\mu-k\sigma}^{\mu+k\sigma}\mathrm{e}^{-\frac{(x-\mu)^2}{2\sigma^2}}\mathrm{d}x \tag{5.11}$$

令 $t=\dfrac{x-\mu}{\sigma}$，则有

$$P(\mu-k\sigma<X<\mu+k\sigma)=\frac{1}{\sqrt{2\pi}\sigma}\int_{-k}^{k}\mathrm{e}^{-\frac{t^2}{2}}\mathrm{d}t=2\int_{0}^{k}\frac{1}{\sqrt{2\pi}\sigma}\mathrm{e}^{-\frac{t^2}{2}}\mathrm{d}t \tag{5.12}$$

由上式计算或查表可得

$$\begin{cases}P(\mu-\sigma<X<\mu+\sigma)\approx 68.3\%\\ P(\mu-2\sigma<X<\mu+2\sigma)\approx 95.5\%\\ P(\mu-3\sigma<X<\mu+3\sigma)\approx 99.7\%\end{cases} \tag{5.13}$$

图 5.2 为式(5.13)中正态分布随机变量 X 出现在各给定区间的概率示意。

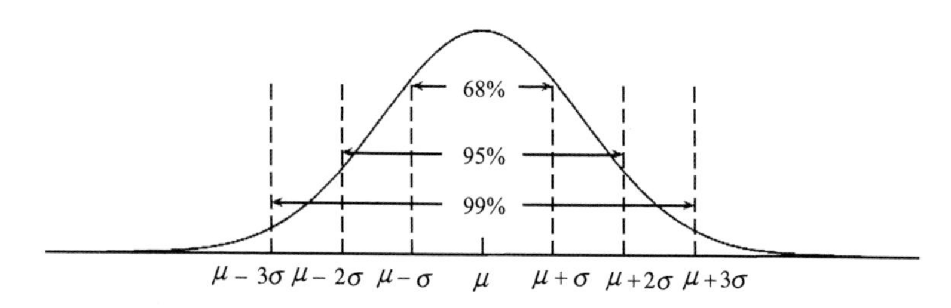

图 5.2　正态分布随机变量出现在给定区间内的概率示意图

2) 多维正态分布

设随机向量 $\boldsymbol{X}=(x_1,\ x_2,\ \cdots,\ x_n)^{\mathrm{T}}$，若 x_i 均服从正态分布，则 $\boldsymbol{X}$ 为 n 维正态随机向量。

n 维正态随机向量 $\boldsymbol{X}$ 的联合概率密度为

$$f(x_1,\ x_2,\ \cdots,\ x_n)=\frac{1}{(2\pi)^{\frac{n}{2}}\left|\boldsymbol{D}_{XX}\right|^{\frac{1}{2}}}\exp\left[-\frac{1}{2}(\boldsymbol{X}-\boldsymbol{\mu}_X)^{\mathrm{T}}\boldsymbol{D}_{XX}^{-1}(\boldsymbol{X}-\boldsymbol{\mu}_X)\right] \tag{5.14}$$

其中，随机向量 $\boldsymbol{X}$ 的数学期望 $\boldsymbol{\mu}_X$ 和方差阵 $\boldsymbol{D}_{XX}$ 是 n 维正态分布的数字特征，它们分别为

$$\boldsymbol{\mu}_X=\begin{bmatrix}E(x_1)\\E(x_2)\\\vdots\\E(x_n)\end{bmatrix}=\begin{bmatrix}\mu_1\\\mu_2\\\vdots\\\mu_n\end{bmatrix} \tag{5.15}$$

$$\boldsymbol{D}_{XX}=\begin{bmatrix}\sigma_{x_1}^2 & \sigma_{x_1x_2} & \cdots & \sigma_{x_1x_n}\\ \sigma_{x_2x_1} & \sigma_{x_2}^2 & \cdots & \sigma_{x_2x_n}\\ \vdots & \vdots & & \vdots\\ \sigma_{x_nx_1} & \sigma_{x_nx_2} & \cdots & \sigma_{x_n}^2\end{bmatrix} \tag{5.16}$$

3）偶然误差的特性

任何一个被测量的对象，客观上总是存在一个能够代表其真正大小的数值，该数值称为被测量对象的真值。从概率统计的观点分析，当被测对象的测量值中仅含有偶然误差时，测量值的数学期望就是它的真值。

假定对某一被测量对象进行 n 次测量，测量值分别为 L_1，L_2，…，L_n，若被测量对象的真值为 $\widetilde{L}$ 或数学期望为 $E(L_i)$，由于测量值都带有一定的误差，因此测量值与真值并不相同，设其误差为 $\Delta_i=\widetilde{L}-L_i$ 或 $\Delta_i=E(L_i)-L_i$，其中 Δ_i 称为真误差。当测量值中不包含系统误差时，Δ_i 就是偶然误差(简称误差)。

通过对大量的误差数据分析，可以得到误差分布的以下性质：

(1) 误差的绝对值有一定的限值；

(2) 绝对值较小的误差比绝对值较大的误差多；

(3) 绝对值相等的正、负误差的个数相近；

(4) 随着测量次数的增加，误差的算术平均值趋向于 0。

例如，在相同观测条件下，独立地对 358 个平面三角形的全部内角进行测量，由于测量值带有误差，造成各三角形的三个内角之和不等于 180°(真值)。各三角形的三个内角之和的真误差由下式计算：

$$\Delta_i=180°-(L_1+L_2+L_3)_i \quad (i=1, 2, \cdots, 358) \tag{5.17}$$

其中，Δ_i 为三角形闭合差；$(L_1+L_2+L_3)_i$ 表示各三角形的三个内角之和的测量值。将误差出现的范围分为若干相等的小区间 $\mathrm{d}\Delta$，并将这一组误差区分正负

且按照数值大小排列，统计出现在各区间内误差的个数 v_i 以及误差出现在各区间内的频率 $v_i/n(n=358)$，结果如表 5.1 所示。图 5.3 为这些三角形闭合差出现在不同小区间的分布示意。

表 5.1　三角形闭合差出现在各误差区间内的个数(1)

误差区间/(″)	Δ 为负值			Δ 为正值			备注
	个数 v_i	频率 v_i/n	$\frac{v_i/n}{d\Delta}$	个数 v_i	频率 v_i/n	$\frac{v_i/n}{d\Delta}$	
0.00～0.20	45	0.126	0.630	46	0.128	0.640	dΔ＝0.20″；等于区间左端值的误差算入该区间内
0.20～0.40	40	0.112	0.560	41	0.115	0.575	
0.40～0.60	33	0.092	0.460	33	0.092	0.460	
0.60～0.80	23	0.064	0.320	21	0.059	0.295	
0.80～1.00	17	0.047	0.235	16	0.045	0.225	
1.00～1.20	13	0.036	0.180	13	0.036	0.180	
1.20～1.40	6	0.017	0.085	5	0.014	0.070	
1.40～1.60	4	0.011	0.055	2	0.006	0.030	
1.60 以上	0	0	0	0	0	0	
$\sum$	181	0.505		177	0.495		

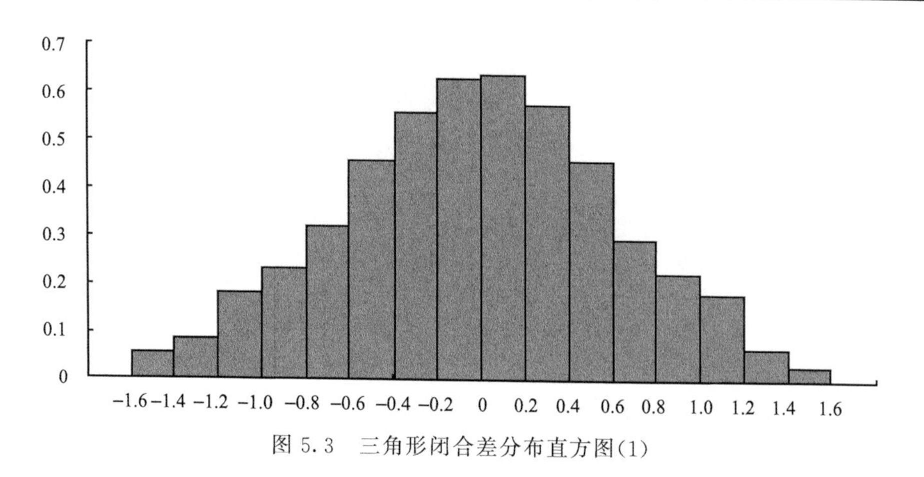

图 5.3　三角形闭合差分布直方图(1)

表 5.2 中给出了另外 421 个平面三角形三个内角之和的真误差的情况，其观测条件较表 5.1 有所不同。图 5.4 为这些三角形闭合差出现在不同小区间的分布示意。

表 5.2　三角形闭合差出现在各误差区间内的个数(2)

误差区间(″)	Δ 为负值			Δ 为正值			备注
	个数 v_i	频率 v_i/n	$\frac{v_i/n}{d\Delta}$	个数 v_i	频率 v_i/n	$\frac{v_i/n}{d\Delta}$	
0.00～0.20	40	0.095	0.475	37	0.088	0.440	$d\Delta=0.20''$；等于区间左端值的误差算入该区间内
0.20～0.40	34	0.081	0.450	36	0.085	0.425	
0.40～0.60	31	0.074	0.307	29	0.069	0.345	
0.60～0.80	25	0.059	0.295	27	0.064	0.320	
0.80～1.00	20	0.048	0.240	18	0.043	0.215	
1.00～1.20	16	0.038	0.190	17	0.040	0.200	
1.20～1.40	14	0.033	0.165	13	0.031	0.155	
1.40～1.60	9	0.021	0.105	10	0.024	0.120	
1.60～1.80	7	0.017	0.085	8	0.019	0.095	
1.80～2.00	5	0.012	0.060	7	0.017	0.085	
2.00～2.20	6	0.014	0.070	4	0.009	0.045	
2.20～2.40	2	0.005	0.025	3	0.007	0.035	
2.40～2.60	1	0.002	0.010	2	0.005	0.025	
2.60 以上	0	0	0	0	0	0	
$\sum$	210	0.499		211	0.501		

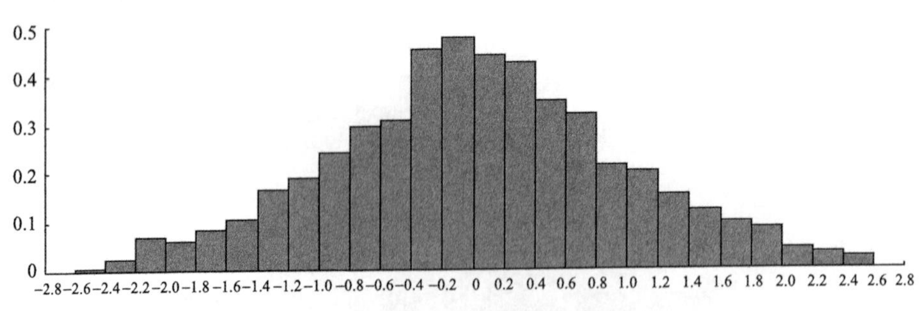

图 5.4　三角形闭合差分布直方图(2)

由表 5.1 和表 5.2 及它们所对应图形可以看出它们之间的差别，这反映出两种情况下的观测条件有所不同。但是可以看出，也正如前面所指出的，单个偶然误差的大小和符号没有规律性，呈现出一种偶然性(或随机性)，但就其总体而言，其呈现出一定的统计规律性。随着测量值的逐渐增加，根据概率论的中心极限定理，在大多数情况下，测量误差的统计规律可以用正态分布来描述。因此，我们可以用概率的术语来概括偶然误差的几个特性：

(1) 在一定观测条件下，误差的绝对值有一定的限值，或者说，超出一定限值的误差其出现的概率为 0；

(2) 绝对值较小的误差比绝对值较大的误差出现的概率大；

(3) 绝对值相等的正负误差出现的概率相同；

(4) 偶然误差的数学期望为 0，或者说，偶然误差的理论平均值为 0。

对于在相同的观测条件下独立进行的一系列测量，所产生的一组偶然误差必然具有以上四个特性。

3. 测量精度及其指标

广义而言，测量精度表示一个量的测量值与其真值接近或一致的程度。测量精度与测量误差的大小相对应，测量误差的大小反映测量精度的高低。测量精度涉及三个概念，即准确度、精密度和精确度(简称精度)。准确度反映测量值相对真值的偏离程度，它代表测量结果中系统误差的影响程度；精密度反映多次测量所得到的测量值的密集程度，它代表测量结果中偶然误差的影响程度；精确度反映测量结果中系统误差与偶然误差综合影响的程度。当通过一定方法消除了测量结果中的系统误差或测量结果中的系统误差影响可以忽略时，测量结果中只包含偶然误差影响，此时，精确度与精密度表示同一个概念。

图 5.3 和图 5.4 分别表示了不同观测条件下测量得到的两组误差的频率分布，因此可以看出：

(1) 表 5.1 中的误差更集中于 0 的附近，因此可以说这组误差分布较为密集，或者说它的离散度小；相对而言，表 5.2 中的误差分布较离散或者说离散度大；

(2) 图 5.3 中的误差分布较为密集，其图形在纵轴附近的顶峰较高，且各长方条所构成的阶梯比较陡峭；而图 5.4 中的误差分布较为分散，其图形在纵轴附近的顶峰较低，且各长方条所构成的阶梯比较平缓。

在一定的观测条件下进行的测量，其对应一种确定的误差分布。不难理解，如果误差分布较密集或者说离散度较小，则表示该组测量质量较好或者精度较高；反之，如果误差分布较离散或者说离散度较大，则表示该组测量质量较差或者精度较低。因此，精度是指误差分布的密集度或离散度。若两组测量的误差分布相同，则两组测量值的精度相同；反之，若两组测量的误差分布不同，则两组测量值的精度也就不同。

衡量精度的指标有多种，以下介绍几种常用的精度指标。

A. 方差及标准差

随机变量 X 的方差定义为

$$D(X)=E\left[X-E(X)\right]^{2} \tag{5.18}$$

当偶然误差(随机误差)Δ 服从正态分布时，则可写出 Δ 的概率密度公式

$$f(\Delta)=\frac{1}{\sqrt{2\pi}\sigma}e^{-\frac{\Delta^2}{2\sigma^2}} \tag{5.19}$$

其中，σ^2 为误差分布的方差。

因为 $E(\Delta)=0$，故 Δ 的方差定义为

$$\sigma^2=D(\Delta)=E(\Delta^2) \tag{5.20}$$

而 Δ 的标准差为 σ，恒取正号，则

$$\sigma=\sqrt{E(\Delta^2)} \tag{5.21}$$

在一些关于测量数据处理的书籍和文献中，标准差为 σ 也被称为中误差。

不同的 σ 对应不同形状的分布曲线，如图 5.1 所示，其中 σ 小则曲线陡峭，表示测量值相对算术平均值的离散程度小，即测量精度高；反之，σ 大则曲线平缓，表示测量值相对算术平均值的离散程度大，即测量精度低。由此可见，σ 的大小可以反映测量值精度的高低，故常用标准差 σ 作为衡量精度的指标。

应该指出，标准差 σ 不是一组测量误差中的任何一个具体的误差值，它只说明在一定测量条件下所得到的测量值的测量误差的分布情况。通常情况下，相同的测量条件所得到的测量误差的标准差 σ 是相同的，此时，我们称这一组测量为等精度测量。在此条件下，单次测量误差 Δ 一般不等于标准差 σ，但所有的测量误差 $\Delta_i(i=1,2,\cdots,n)$都属于同一个标准差 σ 的概率分布；反之，不同的测量条件下进行的测量，测量误差的标准差 σ 是不同的，我们称这样的测量为非等精度测量。

根据方差(或标准差)的定义和概率统计理论，可以得到计算方差(或标准差)的基本公式

$$\sigma^2=D(\Delta)=E(\Delta^2)=\lim_{n\to\infty}\frac{\sum_{i=1}^{n}\Delta_i^2}{n} \tag{5.22}$$

$$\sigma=\lim_{n\to\infty}\sqrt{\frac{\sum_{i=1}^{n}\Delta_i^2}{n}} \tag{5.23}$$

在实际测量过程中，测量值(测量误差)的个数 n 总是有限的，因此，根据有限个测量误差只能求得方差(或标准差)的估(计)值，用 $\hat{\sigma}^2$ 和 $\hat{\sigma}$ 分别表示方差和标准差的估值，那么，一组等精度测量误差计算方差和标准差的估值的基本公式为

$$\hat{\sigma}^2 = \frac{\sum_{i=1}^{n} \Delta_i^2}{n} \tag{5.24}$$

$$\hat{\sigma} = \sqrt{\frac{\sum_{i=1}^{n} \Delta_i^2}{n}} \tag{5.25}$$

应该说明的是，由于实际测量过程中测量数据具有有限性，所以一般不特别强调方差和标准差的“估值”意义，而将测量误差的方差和标准差的估值直接称为测量误差的方差和标准差。

B. 方差-协方差阵

对于一组随机变量组成的随机向量 $\boldsymbol{x}$，$\boldsymbol{x}=[x_1 \quad x_2 \quad \cdots \quad x_n]^{\mathrm{T}}$，其数学期望为

$$E(\boldsymbol{x}) = \begin{bmatrix} E(x_1) \\ E(x_2) \\ \vdots \\ E(x_n) \end{bmatrix} \tag{5.26}$$

其方差是一个矩阵，称为方差-协方差阵，简称方差阵或协方差阵。

$$\begin{aligned} D_{xx} &= E[(\boldsymbol{x} - E(\boldsymbol{x}))(\boldsymbol{x} - E(\boldsymbol{x}))^{\mathrm{T}}] \\ &= \begin{bmatrix} \sigma_{x_1}^2 & \sigma_{x_1x_2} & \cdots & \sigma_{x_1x_n} \\ \sigma_{x_2x_1} & \sigma_{x_2}^2 & \cdots & \sigma_{x_2x_n} \\ \vdots & \vdots & & \vdots \\ \sigma_{x_nx_1} & \sigma_{x_nx_2} & \cdots & \sigma_{x_n}^2 \end{bmatrix} \end{aligned} \tag{5.27}$$

其中，主对角线上的元素 $\sigma_{x_i}^2$ 分别为各随机变量的方差；非对角线上的元素 $\sigma_{x_ix_j}$ 为随机变量 x_i 与 x_j 的协方差，且 $\sigma_{x_ix_j}=\sigma_{x_jx_i}$。

方差-协方差阵 D_{xx} 作为衡量观测向量的精度指标，它不仅给出了观测向量中各观测量的方差，而且给出了其中两两观测量之间的协方差来描述它们之间的相关程度。

当把随机向量 $\boldsymbol{x}$ 看成一组测量值的误差时，若 x_i 与 x_j 的协方差 $\sigma_{x_ix_j}=0$，则表示这两个测量误差之间互不相关，或者说两个测量值的误差是不相关的，此时称这些测量值为不相关的测量值；若 x_i 与 x_j 的协方差 $\sigma_{x_ix_j}\neq 0$，则表示这两个测量值的误差是相关的，此时称这些测量值为相关测量值。服从正态分布的随机变量，“不相关”与“独立”是等价的，而对于只涉及偶然误差的测量值，测量误差均服从正态分布，因此把不相关测量值称为独立测量值，相关测量值则称为不

独立测量值。在测量工作中，直接测量得到的测量值一般为独立测量值，而独立测量值的各个函数之间一般是不独立的。

若 $\boldsymbol{x}$ 中的各测量值之间是相互独立的，则所有协方差 $\sigma_{x_i x_j}=0$，此时，方差-协方差阵 $\boldsymbol{D}_{xx}$ 为一对角阵，即为各独立测量值的精度指标的集合。

C. 平均误差

在一定观测条件下，一组独立的偶然误差的绝对值的数学期望称为平均误差。以 θ 表示平均误差，则有

$$\theta=E(|\Delta|)=\int_{-\infty}^{+\infty}|\Delta|\ f(\Delta)\mathrm{d}\Delta \tag{5.28}$$

或者

$$\theta=\lim_{n\to\infty}\frac{\sum_{i=1}^{n}|\Delta_i|}{n} \tag{5.29}$$

可以看出，平均误差是一组独立的偶然误差绝对值的算术平均值的极限。

由于测量数据的个数 n 总是有限的，因此在实际应用中平均误差 θ 只能用估计值 $\hat{\theta}$ 代表，但仍简称为平均误差。

$$\hat{\theta}=\frac{\sum_{i=1}^{n}|\Delta_i|}{n} \tag{5.30}$$

由式(5.28)可以推导出平均误差 θ 与标准差 σ 的理论关系式

$$\theta=\sqrt{\frac{2}{\pi}}\sigma\approx 0.7979\sigma\approx\frac{4}{5}\sigma \tag{5.31}$$

$$\sigma=\sqrt{\frac{\pi}{2}}\theta\approx 1.253\theta\approx\frac{5}{4}\theta \tag{5.32}$$

由上式可以看出，不同大小的 θ 对应不同的 σ，也就对应着不同的误差分布。因此，平均误差 θ 也可以用来作为衡量精度的指标。

与方差或标准差相关的衡量精度的指标还有极限误差、相对误差等，相关的概念知识本书不作阐述，读者可自行查阅相关书籍与文献。

D. 圆概率误差

圆概率误差最初是为衡量弹道导弹落点位置精度提出的一种简单的度量精度的方法，它的定义是：以目标点为圆心，弹着概率为50%的圆形区域的圆半径，或者说围绕目标真实位置包含50%弹着点的圆半径。圆概率误差以CEP(Circular Error Probable)表示。

通过概率计算公式推导，可以得到常用圆概率误差CEP与标准差的关系式为

$$\mathrm{CEP}=1.1774\sigma \tag{5.33}$$

4. 权的概念和权值的确定

方差是表征精度的一个绝对的数值标准，一定的观测条件对应着一定的误差分布，或者说对应着一定的测量精度，也就是对应一个确定的方差(或标准差)。不同的观测条件对应不同的测量精度，除了用方差(或标准差)来比较不同观测条件下的测量值精度外，还可以通过方差之间的比例关系来衡量测量值之间的相对精度的高低。这种各测量值方差之间的比例关系的数字特征称为权。所以，权是表征精度的相对的数字指标。从比较测量值的可信赖程度的角度来看，权值大的测量值可以理解为其可信赖程度高。

设有一组不相关测量值 $L_i(i=1, 2, \cdots, n)$，其方差为 $\sigma_i^2(i=1, 2, \cdots, n)$。任意选择一常数 σ_0，定义

$$p_i=\frac{\sigma_0^2}{\sigma_i^2} \tag{5.34}$$

且称 p_i 为测量值 L_i 的权。

由式(5.34)可以写出各测量值的权之间的比例关系

$$p_1 : p_2 : \cdots : p_n=\frac{\sigma_0^2}{\sigma_1^2} : \frac{\sigma_0^2}{\sigma_2^2} : \cdots : \frac{\sigma_0^2}{\sigma_n^2}=\frac{1}{\sigma_1^2} : \frac{1}{\sigma_2^2} : \cdots : \frac{1}{\sigma_n^2} \tag{5.35}$$

可以看出，对于一组不相关的测量值，它们的权值比等于其相应方差的倒数之比。这表明，测量值的方差或标准差越小，该测量值的权越大，或者说测量值的精度越高，其权越大。因此，权可作为比较测量值之间精度高低的一种指标，其意义不在其本身数值的大小，重要的是它表明测量值精度之间存在比例关系。一般情况下，权是一组无量纲的数值。

从表面上看，常数 σ_0 在测量值的权的确定中起到一个比例常数的作用，但实际上，σ_0 一旦选定，便有其具体含义。当某一测量值的标准差等于 σ_0 时，其权为 1；或者说，权为 1 的测量值，其标准差必然等于 σ_0。因此，权为 1 则称为单位权，σ_0 称为单位权标准差(单位权中误差)，权为 1 的测量值称为单位权测量值。

对于一组已知标准差的测量值，权的概念包括以下几点：

(1) 选定一个 σ_0 值，便有一组对应的权，或者说，有一组权，必有一个对应的 σ_0 值；

(2) 一组测量值的权的大小随 σ_0 值的不同而不同，但权之间的比例关系保持不变；

(3) 为了保证权起到比较精度高低的作用，同一问题中只能选定一个 σ_0 值，

不能同时选用多个不同的 σ_0 值，否则就破坏了权之间的比例关系；

(4) 事先给定测量条件就可以确定出相关测量值的权的数值。

在实际的测量数据的处理之前，往往并不知道测量值精度的绝对数字指标(方差或标准差)，而测量值精度的相对数字指标(权值)却可以根据测量条件事先确定，如测量仪器(设备)及测量方法能达到的精度、测量仪器(设备)使用者水平、在相同测量条件下重复测量次数等。

5.2 协方差传播

5.2.1 协方差传播

在实际工作中，往往会遇到某些量的大小并不是直接测定的，而是由测量值通过一定的函数关系间接计算出来的，也就是说，某些量是测量值的函数。测量值的函数标准差与测量值的标准差关系公式称为协方差传播律，也称为误差传播律。

一组测量值 $\boldsymbol{x}$，其数学期望为 $\boldsymbol{\mu}_x = E(\boldsymbol{x})$，协方差阵为 $\boldsymbol{D}_{xx}$，即

$$\boldsymbol{x} = \begin{bmatrix} x_1 \\ x_2 \\ \vdots \\ x_n \end{bmatrix} \tag{5.36}$$

$$\boldsymbol{\mu}_x = E(\boldsymbol{x}) = \begin{bmatrix} E(x_1) \\ E(x_2) \\ \vdots \\ E(x_n) \end{bmatrix} \tag{5.37}$$

$$\boldsymbol{D}_{xx} = \begin{bmatrix} \sigma_1^2 & \sigma_{12} & \cdots & \sigma_{1n} \\ \sigma_{21} & \sigma_2^2 & \cdots & \sigma_{2n} \\ \vdots & \vdots & & \vdots \\ \sigma_{ni} & \sigma_{n2} & \cdots & \sigma_n^2 \end{bmatrix} \tag{5.38}$$

设有 $\boldsymbol{x}$ 的线性函数

$$z = k_1 x_1 + k_2 x_2 + \cdots + k_n x_n + k_0 \tag{5.39}$$

或者写为

$$z = \boldsymbol{k}\boldsymbol{x} + k_0 \tag{5.40}$$

其中，$\boldsymbol{k} = [k_1, k_2, \cdots, k_n]$ 和 k_0 为常数。

z 的数学期望为

$$E(z)=E(\boldsymbol{k}\boldsymbol{x}+k_0)=\boldsymbol{k}E(\boldsymbol{x})+k_0=\boldsymbol{k}\boldsymbol{\mu}_x+k_0 \tag{5.41}$$

z 的方差为

$$D_{zz}=\sigma_z^2=E\{[z-E(z)][z-E(z)]^{\mathrm{T}}\} \tag{5.42}$$

将上面两式代入得到

$$\begin{aligned} D_{zz}&=\sigma_z^2 \\ &=E[(\boldsymbol{k}\boldsymbol{x}-\boldsymbol{k}\boldsymbol{\mu}_x)(\boldsymbol{k}\boldsymbol{x}-\boldsymbol{k}\boldsymbol{\mu}_x)^{\mathrm{T}}] \\ &=E[\boldsymbol{k}(\boldsymbol{x}-\boldsymbol{\mu}_x)(\boldsymbol{x}-\boldsymbol{\mu}_x)^{\mathrm{T}}\boldsymbol{k}^{\mathrm{T}}] \\ &=\boldsymbol{k}E[(\boldsymbol{x}-\boldsymbol{\mu}_x)(\boldsymbol{x}-\boldsymbol{\mu}_x)^{\mathrm{T}}]\boldsymbol{k}^{\mathrm{T}} \\ &=\boldsymbol{k}\boldsymbol{D}_{xx}\boldsymbol{k}^{\mathrm{T}} \end{aligned} \tag{5.43}$$

展开成纯量形式

$$\begin{aligned} D_{zz}=\sigma_z^2=&k_1^2\sigma_1^2+k_2^2\sigma_2^2+\cdots+k_n^2\sigma_n^2 \\ &+2k_1k_2\sigma_{12}+2k_1k_3\sigma_{13}+\cdots+2k_1k_n\sigma_{1n}+\cdots+2k_{n-1}k_n\sigma_{n-1,n} \end{aligned}$$

当 $\boldsymbol{x}$ 中的各分量两两互为独立时，它们之间的协方差 $\sigma_{ij}=0(i\neq j)$，此时，上式变为

$$D_{zz}=\sigma_z^2=k_1^2\sigma_1^2+k_2^2\sigma_2^2+\cdots+k_n^2\sigma_n^2 \tag{5.44}$$

当有 $\boldsymbol{x}$ 的多个线性函数时，即

$$\begin{cases} z_1=k_{11}x_1+k_{12}x_2+\cdots+k_{1n}x_n+k_{10} \\ z_2=k_{21}x_1+k_{22}x_2+\cdots+k_{2n}x_n+k_{20} \\ \quad\vdots \\ z_t=k_{t1}x_1+k_{t2}x_2+\cdots+k_{tn}x_n+k_{t0} \end{cases} \tag{5.45}$$

或写为

$$\boldsymbol{z}=\boldsymbol{k}\boldsymbol{x}+\boldsymbol{k}_0 \tag{5.46}$$

其中

$$\boldsymbol{z}=\begin{bmatrix} z_1 \\ z_2 \\ \vdots \\ z_t \end{bmatrix},\quad \boldsymbol{k}=\begin{bmatrix} k_{11} & k_{12} & \cdots & k_{1n} \\ k_{21} & k_{22} & \cdots & k_{2n} \\ \vdots & \vdots & & \vdots \\ k_{t1} & k_{t2} & \cdots & k_{tn} \end{bmatrix},\quad \boldsymbol{k}_0=\begin{bmatrix} k_1 \\ k_2 \\ \vdots \\ k_t \end{bmatrix}$$

经过推导可以得到 $\boldsymbol{z}$ 的数学期望和 $\boldsymbol{z}$ 的协方差阵为

$$E(\boldsymbol{z})=\boldsymbol{k}\boldsymbol{\mu}_x+\boldsymbol{k}_0 \tag{5.47}$$

$$\boldsymbol{D}_{zz}=\boldsymbol{k}\boldsymbol{D}_{xx}\boldsymbol{k}^{\mathrm{T}} \tag{5.48}$$

进一步，当有另外一个 $\boldsymbol{x}$ 的多个线性函数 $\boldsymbol{y}$

$$\boldsymbol{y}=\boldsymbol{f}\boldsymbol{x}+\boldsymbol{f}_0 \tag{5.49}$$

时，其中

$$\boldsymbol{y}=\begin{bmatrix}y_1\\y_2\\\vdots\\y_r\end{bmatrix},\quad \boldsymbol{f}=\begin{bmatrix}f_{11}&f_{12}&\cdots&f_{1n}\\f_{21}&f_{22}&\cdots&f_{2n}\\\vdots&\vdots&&\vdots\\f_{r1}&f_{r2}&\cdots&f_{rn}\end{bmatrix},\quad \boldsymbol{f}_0=\begin{bmatrix}f_1\\f_2\\\vdots\\f_r\end{bmatrix}$$

可以得到 $\boldsymbol{y}$ 的数学期望和 $\boldsymbol{y}$ 的协方差阵为

$$E(\boldsymbol{y})=\boldsymbol{f}\boldsymbol{\mu}_x+\boldsymbol{f}_0 \tag{5.50}$$

$$\boldsymbol{D}_{yy}=\boldsymbol{f}\boldsymbol{D}_{xx}\boldsymbol{f}^{\mathrm{T}} \tag{5.51}$$

根据互协方差的定义，可以求得 $\boldsymbol{y}$ 关于 $\boldsymbol{z}$ 的互协方差阵 $\boldsymbol{D}_{yz}$ 为

$$\boldsymbol{D}_{yz}=\boldsymbol{f}\boldsymbol{D}_{xx}\boldsymbol{k}^{\mathrm{T}} \tag{5.52}$$

通常式(5.43)、式(5.48)和式(5.52)都称为协方差传播律。由于 $\boldsymbol{D}_{yz}=\boldsymbol{D}_{zy}^{\mathrm{T}}$，因此有

$$\boldsymbol{D}_{zy}=(\boldsymbol{f}\boldsymbol{D}_{xx}\boldsymbol{k}^{\mathrm{T}})^{\mathrm{T}}=\boldsymbol{k}\boldsymbol{D}_{xx}\boldsymbol{f}^{\mathrm{T}} \tag{5.53}$$

在上述协方差传播律中，如果遇到的是测量值 $\boldsymbol{x}$ 的非线性函数 $z=F(x_1, x_2, \cdots, x_n)$ 的情况，则需要将非线性函数化为线性函数形式，再按照协方差传播律便可求得该函数的方差。

5.2.2 协因数阵及协因数传播

设测量值 L_i 和 L_j 及其方差 σ_i 和 σ_j，它们之间的协方差为 σ_{ij}，σ_0 为单位权标准差，令

$$\begin{cases}Q_{ii}=\dfrac{1}{p_i}=\dfrac{\sigma_i^2}{\sigma_0^2}\\[2ex]Q_{jj}=\dfrac{1}{p_j}=\dfrac{\sigma_j^2}{\sigma_0^2}\\[2ex]Q_{ij}=\dfrac{\sigma_{ij}}{\sigma_0^2}\end{cases} \tag{5.54}$$

或者写为

$$\begin{cases}\sigma_i^2=\sigma_0^2Q_{ii}\\\sigma_j^2=\sigma_0^2Q_{jj}\\\sigma_{ij}=\sigma_0^2Q_{ij}\end{cases} \tag{5.55}$$

称 Q_{ii} 和 Q_{jj} 分别为 L_i 和 L_j 的协因数或权倒数，而 Q_{ij} 为 L_i 关于 L_j 的协因数或相关权倒数。可以看出，测量值的协因数或权倒数 Q_{ii} 和 Q_{jj} 与方差成正比，协因数或相关权倒数 Q_{ij} 与协方差成正比。因此，协因数 Q_{ii} 和 Q_{jj} 与权有类似作用，它们是比较测量值精度高低的一种指标，而协因数 Q_{ij} 是比较测量值之间相关程度的一种指标。

将以上概念作进一步扩展，设有测量向量 $\boldsymbol{x}$ 和 $\boldsymbol{y}$，它们的方差及协方差阵分别为 $\boldsymbol{D}_{xx}$、$\boldsymbol{D}_{yy}$ 和 $\boldsymbol{D}_{xy}$，令

$$\boldsymbol{Q}_{xx}=\frac{1}{\sigma_0^2}\boldsymbol{D}_{xx}=\begin{bmatrix}\dfrac{\sigma_{x1}^2}{\sigma_0^2} & \dfrac{\sigma_{x1x2}}{\sigma_0^2} & \cdots & \dfrac{\sigma_{x1xn}}{\sigma_0^2}\\ \dfrac{\sigma_{x2x1}}{\sigma_0^2} & \dfrac{\sigma_{x2}^2}{\sigma_0^2} & \cdots & \dfrac{\sigma_{x2xn}}{\sigma_0^2}\\ \vdots & \vdots & & \vdots\\ \dfrac{\sigma_{xnx1}}{\sigma_0^2} & \dfrac{\sigma_{xnx2}}{\sigma_0^2} & \cdots & \dfrac{\sigma_{xn}^2}{\sigma_0^2}\end{bmatrix}=\begin{bmatrix}Q_{x_1x_1} & Q_{x_1x_2} & \cdots & Q_{x_1x_n}\\ Q_{x_2x_1} & Q_{x_2x_2} & \cdots & Q_{x_2x_n}\\ \vdots & \vdots & & \vdots\\ Q_{x_nx_1} & Q_{x_nx_2} & \cdots & Q_{x_nx_n}\end{bmatrix} \tag{5.56}$$

$$\boldsymbol{Q}_{yy}=\frac{1}{\sigma_0^2}\boldsymbol{D}_{yy}=\begin{bmatrix}\dfrac{\sigma_{y1}^2}{\sigma_0^2} & \dfrac{\sigma_{y1y2}}{\sigma_0^2} & \cdots & \dfrac{\sigma_{y1yr}}{\sigma_0^2}\\ \dfrac{\sigma_{y2y1}}{\sigma_0^2} & \dfrac{\sigma_{y2}^2}{\sigma_0^2} & \cdots & \dfrac{\sigma_{y2yr}}{\sigma_0^2}\\ \vdots & \vdots & & \vdots\\ \dfrac{\sigma_{yry1}}{\sigma_0^2} & \dfrac{\sigma_{yry2}}{\sigma_0^2} & \cdots & \dfrac{\sigma_{yr}^2}{\sigma_0^2}\end{bmatrix}=\begin{bmatrix}Q_{y_1y_1} & Q_{y_1y_2} & \cdots & Q_{y_1y_r}\\ Q_{y_2y_1} & Q_{y_2y_2} & \cdots & Q_{y_2y_r}\\ \vdots & \vdots & & \vdots\\ Q_{y_ry_1} & Q_{y_ry_2} & \cdots & Q_{y_ry_r}\end{bmatrix} \tag{5.57}$$

$$\boldsymbol{Q}_{xy}=\frac{1}{\sigma_0^2}\boldsymbol{D}_{xy}=\begin{bmatrix}\dfrac{\sigma_{x1y1}}{\sigma_0^2} & \dfrac{\sigma_{x1y2}}{\sigma_0^2} & \cdots & \dfrac{\sigma_{x1yr}}{\sigma_0^2}\\ \dfrac{\sigma_{x2y1}}{\sigma_0^2} & \dfrac{\sigma_{x2y2}}{\sigma_0^2} & \cdots & \dfrac{\sigma_{x2yr}}{\sigma_0^2}\\ \vdots & \vdots & & \vdots\\ \dfrac{\sigma_{xny1}}{\sigma_0^2} & \dfrac{\sigma_{xny2}}{\sigma_0^2} & \cdots & \dfrac{\sigma_{xnyr}}{\sigma_0^2}\end{bmatrix}=\begin{bmatrix}Q_{x_1y_1} & Q_{x_1y_2} & \cdots & Q_{x_1y_r}\\ Q_{x_2y_1} & Q_{x_2y_2} & \cdots & Q_{x_2y_r}\\ \vdots & \vdots & & \vdots\\ Q_{x_ny_1} & Q_{x_ny_2} & \cdots & Q_{x_ny_r}\end{bmatrix} \tag{5.58}$$

或写为

$$\begin{cases} \boldsymbol{D}_{xx} = \sigma_0^2 \boldsymbol{Q}_{xx} \\ \boldsymbol{D}_{yy} = \sigma_0^2 \boldsymbol{Q}_{yy} \\ \boldsymbol{D}_{xy} = \sigma_0^2 \boldsymbol{Q}_{xy} \end{cases} \tag{5.59}$$

其中，$\boldsymbol{Q}_{xx}$和$\boldsymbol{Q}_{yy}$分别称为$\boldsymbol{x}$和$\boldsymbol{y}$的协因数阵；$\boldsymbol{Q}_{xy}$称为$\boldsymbol{x}$关于$\boldsymbol{y}$的协因数阵。协因数阵$\boldsymbol{Q}_{xx}$中的对角元素就是各x_i的权倒数，非对角元素是x_i关于$x_j(i \neq j)$的相关权倒数，而$\boldsymbol{Q}_{xy}$中的元素是x_i关于y_j的相关权倒数，因此，又称$\boldsymbol{Q}_{xx}$和$\boldsymbol{Q}_{yy}$为$\boldsymbol{x}$和$\boldsymbol{y}$的权逆阵，而称$\boldsymbol{Q}_{xy}$为$\boldsymbol{x}$关于$\boldsymbol{y}$的相关权逆阵。

一个测量值的权与其协因数互关系为

$$Q_{ii} = \frac{1}{p_i} = p_i^{-1} \tag{5.60}$$

一组测量值$\boldsymbol{x}$的权阵与协因数阵的关系为

$$\boldsymbol{P}_{xx} = \boldsymbol{Q}_{xx}^{-1} = \begin{bmatrix} p_1 & p_{12} & \cdots & p_{1n} \\ p_{21} & p_2 & \cdots & p_{2n} \\ \vdots & \vdots & & \vdots \\ p_{n1} & p_{n2} & \cdots & p_n \end{bmatrix} \tag{5.61}$$

由此可知，协因数与权互为倒数，协因数阵与权阵互为逆矩阵。

当一组测量值$\boldsymbol{x}$不相关时，协因数阵和权阵均为对角阵，协因数阵主对角线上的元素为各测量值的协因数，权阵主对角线上的元素为各测量值的权；当一组测量值$\boldsymbol{x}$相关时，协因数阵和权阵就不是对角阵，协因数阵主对角线上的元素仍为各测量值的协因数。

协因数阵可以由协方差阵乘以常数$1/\sigma_0^2$得到。由协方差传播律可以方便得到由一组测量值的协因数阵求其函数的协因数阵计算公式：

$$\begin{cases} \boldsymbol{Q}_{yy} = \boldsymbol{f}\boldsymbol{Q}_{xx}\boldsymbol{f}^{\mathrm{T}} \\ \boldsymbol{Q}_{zz} = \boldsymbol{k}\boldsymbol{Q}_{xx}\boldsymbol{k}^{\mathrm{T}} \\ \boldsymbol{Q}_{yz} = \boldsymbol{f}\boldsymbol{Q}_{xx}\boldsymbol{k}^{\mathrm{T}} \end{cases} \tag{5.62}$$

其中，$\boldsymbol{Q}_{xx}$为一组测量值$\boldsymbol{x}$的协因数阵，$\boldsymbol{y}$和$\boldsymbol{z}$为$\boldsymbol{x}$的线性函数，即

$$\begin{cases} \boldsymbol{y} = \boldsymbol{f}\boldsymbol{x} + \boldsymbol{f}_0 \\ \boldsymbol{z} = \boldsymbol{k}\boldsymbol{x} + \boldsymbol{k}_0 \end{cases} \tag{5.63}$$

上式称为协因数传播律或权逆阵传播律。

5.3 最小二乘法

最小二乘法也称最小二乘估计，是德国数学家高斯(Gauss)在1795年为解决天体运动的轨道确定问题提出来的。最小二乘估计以测量数据为基准，使测量值和测量的估计值之间的误差的平方和为最小，通常假定测量值是被估计值的线

性函数，且测量值带有测量噪声(测量误差)。若对测量误差(或测量值)进行适当的加权，则称为加权最小二乘估计。最小二乘估计可根据测量数据成批处理或逐个处理分为批处理算法和递推处理算法。本节主要介绍最小二乘批处理算法。

设 $\boldsymbol{X}$ 为某一确定性的常值向量。一般情况下，对 $\boldsymbol{X}$ 不能进行直接测量，而只能测量得到 $\boldsymbol{X}$ 各分量的线性组合。设测量值向量为 $\boldsymbol{Z}$，测量方程为

$$\boldsymbol{Z}=\boldsymbol{H}\boldsymbol{X}+\boldsymbol{e} \tag{5.64}$$

其中，待估的参数向量 $\boldsymbol{X}=[X_1 \quad X_2 \quad \cdots \quad X_t]^{\mathrm{T}}$；测量值向量 $\boldsymbol{Z}=[Z_1 \quad Z_2 \quad \cdots \quad Z_n]^{\mathrm{T}}$；测量误差向量 $\boldsymbol{e}=[e_1 \quad e_2 \quad \cdots \quad e_n]^{\mathrm{T}}$；系数矩阵 $\boldsymbol{H}=\begin{bmatrix} h_{11} & h_{12} & \cdots & h_{1t} \\ h_{21} & h_{22} & \cdots & h_{2t} \\ \vdots & \vdots & & \vdots \\ h_{n1} & h_{n2} & \cdots & h_{nt} \end{bmatrix}$的秩 $R(\boldsymbol{H})=t$，测量值个数 n 大于待估的参数个数 t。

如果在某种估计准则下，求得参数的估值为 $\hat{X}=[\hat{X}_1 \quad \hat{X}_2 \quad \cdots \quad \hat{X}_t]^{\mathrm{T}}$，则

$$\boldsymbol{V}=\boldsymbol{H}\hat{\boldsymbol{X}}-\boldsymbol{Z} \tag{5.65}$$

$\boldsymbol{V}$ 称为改正数或残差向量。

用于求解待估参数的估计准则有多种，不同的估计准则要求下，求得的待估参数的估计值 $\hat{\boldsymbol{X}}$ 有所不同，常用的估计准则之一是最小二乘准则(最小二乘原理)。最小二乘准则是使改正数的加权平方和为最小，其表达式为

$$\boldsymbol{V}^{\mathrm{T}}\boldsymbol{P}\boldsymbol{V}=\min \tag{5.66}$$

其中，$\boldsymbol{P}$ 为测量值的权矩阵。

利用最小二乘准则，构造函数

$$\Phi=\boldsymbol{V}^{\mathrm{T}}\boldsymbol{P}\boldsymbol{V}=(\boldsymbol{H}\hat{\boldsymbol{X}}-\boldsymbol{Z})^{\mathrm{T}}\boldsymbol{P}(\boldsymbol{H}\hat{\boldsymbol{X}}-\boldsymbol{Z}) \tag{5.67}$$

求函数 $\boldsymbol{\Phi}$ 对 $\hat{\boldsymbol{X}}$ 的偏导数并令其为零，即

$$\frac{\partial \Phi}{\partial \hat{\boldsymbol{X}}}=\frac{\partial(\boldsymbol{V}^{\mathrm{T}}\boldsymbol{P}\boldsymbol{V})}{\partial \hat{\boldsymbol{X}}}=0 \tag{5.68}$$

按照数学中求函数极值的方法，得

$$\frac{\partial \Phi}{\partial \hat{\boldsymbol{X}}}=\frac{\partial(\boldsymbol{V}^{\mathrm{T}}\boldsymbol{P}\boldsymbol{V})}{\partial \hat{\boldsymbol{X}}}=2\boldsymbol{V}^{\mathrm{T}}\boldsymbol{P}\frac{\partial \boldsymbol{V}}{\partial \hat{\boldsymbol{X}}}=2\boldsymbol{V}^{\mathrm{T}}\boldsymbol{P}\boldsymbol{H}=0 \tag{5.69}$$

将上式转置后得到

$$\boldsymbol{V}^{\mathrm{T}}\boldsymbol{P}\boldsymbol{H}=0 \tag{5.70}$$

将 $\boldsymbol{V}=\boldsymbol{H}\hat{\boldsymbol{X}}-\boldsymbol{Z}$ 代入，得

$$\boldsymbol{H}^{\mathrm{T}}\boldsymbol{P}\boldsymbol{H}\hat{\boldsymbol{X}}-\boldsymbol{H}^{\mathrm{T}}\boldsymbol{P}\boldsymbol{Z}=0 \tag{5.71}$$

由此得到 $\hat{\boldsymbol{X}}$ 的最小二乘解为

$$\hat{\boldsymbol{X}} = (\boldsymbol{H}^{\mathrm{T}}\boldsymbol{PH})^{-1}\boldsymbol{H}^{\mathrm{T}}\boldsymbol{PZ} \tag{5.72}$$

此时

$$\frac{\partial^2 \Phi}{\partial \hat{\boldsymbol{X}}^2} = \frac{\partial(2\boldsymbol{V}^{\mathrm{T}}\boldsymbol{PH})}{\partial \hat{\boldsymbol{X}}} = 2\boldsymbol{H}^{\mathrm{T}}\boldsymbol{PH} > 0 \tag{5.73}$$

说明函数 Φ 满足取极小值条件。

单位权方差的无偏估计为

$$\hat{\sigma}^2 = \frac{\boldsymbol{V}^{\mathrm{T}}\boldsymbol{PV}}{n-t} \tag{5.74}$$

最小二乘估计的特点是算法简单，不需要知道被估计量与测量值的有关统计信息，便可获得参数的最优线性无偏估计值。当测量值服从正态分布，参数为非随机量时，最小二乘准则可由极大似然估计准则导出，即用最小二乘准则和极大似然估计准则进行上述模型参数估计可以得到相同结果。

特别地，当测量过程为等精度观测时，$\boldsymbol{P}=\boldsymbol{I}$（单位阵），最小二乘准则为 $\boldsymbol{V}^{\mathrm{T}}\boldsymbol{V}=\min$。例如，对某一物理量 $\boldsymbol{X}$ 进行了 n 次等精度测量，得到测量值向量 $\boldsymbol{L}$，其误差方程为

$$\boldsymbol{V} = \begin{bmatrix} V_1 \\ V_2 \\ \vdots \\ V_n \end{bmatrix} = \begin{bmatrix} 1 \\ 1 \\ \vdots \\ 1 \end{bmatrix} \hat{x} - \begin{bmatrix} L_1 \\ L_2 \\ \vdots \\ L_n \end{bmatrix} = \boldsymbol{A}\hat{\boldsymbol{x}} - \boldsymbol{L} \tag{5.75}$$

按最小二乘法得到该物理量的估计值为

$$\hat{x} = (\boldsymbol{A}^{\mathrm{T}}\boldsymbol{A})^{-1}\boldsymbol{A}^{\mathrm{T}}\boldsymbol{L} \tag{5.76}$$

即

$$\hat{x} = \frac{1}{n}\sum_{i=1}^{n} L_i \tag{5.77}$$

最小二乘估计适用于对常值向量或者随机向量进行估计。由于使用的估计准则是改正数的加权平方和为最小，估计中不必知道被估计量的动态信息和统计信息，甚至连测量误差的统计信息也可不使用，因此，最小二乘估计的精度不高。但是，由于它的算法简单，甚至在对被估计量和测量误差缺乏了解的情况下仍然适用，因此，它是一种主要的、应用广泛的参数估计方法。

5.4 卡尔曼滤波

卡尔曼滤波是美国学者 R. E. Kalman 在 20 世纪 60 年代初提出的一种线性、无偏、最小方差估计算法。它基于系统动力学模型(或状态方程)信息和一组

测量序列(或测量信息)，以递推的方式求解状态向量的估计值。由于采用递推算法，其从测量信息中实时提取被估计量的信息并积累在被估计量中，因此，该算法的数据存储量小，适用于实时系统的参数估计。卡尔曼滤波具有连续型和离散型两类算法，离散型算法可直接在计算机上实现。本节主要介绍离散型卡尔曼滤波算法。

设 t_k 时刻的被估计状态向量 $\boldsymbol{X}_k$ 受系统噪声序列 $\boldsymbol{W}_{k-1}$ 驱动，系统状态方程为

$$\boldsymbol{X}_k = \boldsymbol{\Phi}_{k,\ k-1}\boldsymbol{X}_{k-1} + \boldsymbol{\Gamma}_{k-1}\boldsymbol{W}_{k-1} \tag{5.78}$$

对 $\boldsymbol{X}_k$ 的测量满足线性关系，测量方程为

$$\boldsymbol{Z}_k = \boldsymbol{H}_k\boldsymbol{X}_k + \boldsymbol{V}_k \tag{5.79}$$

以上两式中，$\boldsymbol{\Phi}_{k,k-1}$为 t_{k-1}时刻至 t_k 时刻的一步转移矩阵，$\boldsymbol{\Gamma}_{k-1}$为系统噪声驱动矩阵，$\boldsymbol{W}_{k-1}$为系统噪声序列；$\boldsymbol{H}_k$ 为测量系数矩阵，$\boldsymbol{V}_k$ 为测量噪声序列。同时，$\boldsymbol{W}_k$ 和 $\boldsymbol{V}_k$ 还满足

$$\begin{cases} E(\boldsymbol{W}_k) = 0, & \mathrm{Cov}(\boldsymbol{W}_k,\ \boldsymbol{W}_j) = E(\boldsymbol{W}_k\boldsymbol{W}_j^{\mathrm{T}}) = \boldsymbol{Q}_k\delta_{kj} \\ E(\boldsymbol{V}_k) = 0, & \mathrm{Cov}(\boldsymbol{V}_k,\ \boldsymbol{V}_j) = E(\boldsymbol{V}_k\boldsymbol{V}_j^{\mathrm{T}}) = \boldsymbol{R}_k\delta_{kj} \end{cases}$$

$$\mathrm{Cov}(\boldsymbol{W}_k,\ \boldsymbol{V}_j) = E(\boldsymbol{W}_k\boldsymbol{V}_j^{\mathrm{T}}) = 0 \tag{5.80}$$

其中，$\boldsymbol{Q}_k$ 为系统噪声的方差阵，假设为非负定；$\boldsymbol{R}_k$ 为测量噪声的方差阵，假设为正定阵；δ_{kj}为 Kronecker-δ 函数，其定义为

$$\delta_{kj} = \begin{cases} 0, & k \neq j \\ 1, & k = j \end{cases} \tag{5.81}$$

若已知 k 时刻的测量为$\boldsymbol{Z}_k$，$k-1$ 时刻 $\boldsymbol{X}_{k-1}$的最优估计为 $\hat{\boldsymbol{X}}_{k-1}$，则 $\boldsymbol{X}_k$ 的估计 $\hat{\boldsymbol{X}}_k$ 按照以下方程求解。

(1) 预测

$$\hat{\boldsymbol{X}}_{k,\ k-1} = \boldsymbol{\Phi}_{k,\ k-1}\hat{\boldsymbol{X}}_{k-1} \tag{5.82}$$

(2) 状态估计

$$\hat{\boldsymbol{X}}_k = \hat{\boldsymbol{X}}_{k,\ k-1} + \boldsymbol{K}_k(\boldsymbol{Z}_k - \boldsymbol{H}_k\hat{\boldsymbol{X}}_{k,\ k-1}) \tag{5.83}$$

(3) 滤波增益矩阵

$$\boldsymbol{K}_k = \boldsymbol{P}_{k,\ k-1}\boldsymbol{H}_k^{\mathrm{T}}(\boldsymbol{H}_k\boldsymbol{P}_{k,\ k-1}\boldsymbol{H}_k^{\mathrm{T}} + \boldsymbol{R}_k)^{-1} \tag{5.84}$$

(4) 预测误差的方差矩阵

$$\boldsymbol{P}_{k,\ k-1} = \boldsymbol{\Phi}_{k,\ k-1}\boldsymbol{P}_{k-1}\boldsymbol{\Phi}_{k,\ k-1}^{\mathrm{T}} + \boldsymbol{\Gamma}_{k-1}\boldsymbol{Q}_{k-1}\boldsymbol{\Gamma}_{k,\ k-1}^{\mathrm{T}} \tag{5.85}$$

(5) 估计误差的方差矩阵

$$\boldsymbol{P}_k = (\boldsymbol{I} - \boldsymbol{K}_k\boldsymbol{H}_k)\boldsymbol{P}_{k,\ k-1}(\boldsymbol{I} - \boldsymbol{K}_k\boldsymbol{H}_k)^{\mathrm{T}} + \boldsymbol{K}_k\boldsymbol{R}_k\boldsymbol{K}_k^{\mathrm{T}} \tag{5.86}$$

或

$$\boldsymbol{P}_k = (\boldsymbol{I} - \boldsymbol{K}_k \boldsymbol{H}_k)\boldsymbol{P}_{k,\ k-1} \tag{5.87}$$

或

$$\boldsymbol{P}_k^{-1} = \boldsymbol{P}_{k,\ k-1}^{-1} + \boldsymbol{H}_k^{-1}\boldsymbol{R}_k^{-1}\boldsymbol{H}_k \tag{5.88}$$

可以看出，只要给定初值 $\hat{\boldsymbol{X}}_0$ 和 $\boldsymbol{P}_0$，由 $k(k=1,\ 2,\ \cdots)$时刻的测量值 $\boldsymbol{Z}_k$ 便可以按照上述递推公式计算得到 k 时刻的状态估计量 $\hat{\boldsymbol{X}}_k\ (k=1,\ 2,\ \cdots)$。式(5.82)～式(5.86)即为离散型卡尔曼滤波的基本方程。

卡尔曼滤波是一个递推过程，任意时刻的估值都是在前一时刻的基础上得到的。在一个滤波周期中，卡尔曼滤波分为时间更新和测量更新两个过程。时间更新(也称为一步预测)由式(5.82)和式(5.85)完成，它仅应用了与系统动态特性有关的信息，其中式(5.82)为由 $k-1$ 时刻的状态估计预测 k 时刻的系统状态，而式(5.85)对该时间更新的质量作出定量描述；测量更新则由式(5.83)、式(5.84)和式(5.86)等完成，它与时间更新的质量 $\boldsymbol{P}_{k,k-1}$、测量信息与状态信息的关系 $\boldsymbol{H}_k$、测量信息 $\boldsymbol{Z}_k$ 及其质量 $\boldsymbol{R}_k$ 等信息有关，其核心是正确合理地利用测量信息 $\boldsymbol{Z}_k$，达到利用测量信息来修正预测状态信息的目的。

滤波增益矩阵 $\boldsymbol{K}_k$ 有以下特点：

(1) 滤波增益矩阵 $\boldsymbol{K}_k$ 与 $\boldsymbol{Q}_{k-1}$ 成正比。由式(5.89)知，当 $\boldsymbol{P}_{k-1}$ 和(或)$\boldsymbol{Q}_{k-1}$ 变小时，$\boldsymbol{P}_{k,k-1}$ 将变小，再由式(5.86)可知，此时 $\boldsymbol{P}_k$ 也变小，从而 $\boldsymbol{K}_k$ 变小。由此说明，若 $\boldsymbol{P}_{k-1}$ 变小，则表示初始的状态估计较好；若 $\boldsymbol{Q}_{k-1}$ 变小，则表示系统过程噪声变小。此时，系统状态方程与初始状态可信任程度较高，系统增益矩阵 $\boldsymbol{K}_k$ 的取值应变小，从而带来较小的修正。

(2) 滤波增益矩阵 $\boldsymbol{K}_k$ 与 $\boldsymbol{R}_k$ 成反比。由式(5.84)可知，当 $\boldsymbol{R}_k$ 增大时，$\boldsymbol{K}_k$ 将变小。这说明，当测量噪声增大时，新息中的误差较大，系统增益矩阵 $\boldsymbol{K}_k$ 的取值应变小，以减弱测量噪声对滤波的影响。所谓“新息”也称为预测误差，它表示第 k 次测量值 $\boldsymbol{Z}_k$ 减去由 $k-1$ 次测量值所得到的 $\boldsymbol{Z}_k$ 的预测值 $\tilde{Z}_{k,k-1}$，则

$$\begin{aligned}\tilde{\boldsymbol{Z}}_{k,\ k-1} &= \boldsymbol{Z}_k - \hat{\boldsymbol{Z}}_{k,\ k-1}\\ &= \boldsymbol{Z}_k - \boldsymbol{H}_k\hat{\boldsymbol{X}}_{k,\ k-1}\\ &= \boldsymbol{Z}_k - \boldsymbol{H}_k\boldsymbol{\Phi}_{k,\ k-1}\hat{\boldsymbol{X}}_{k-1}\end{aligned} \tag{5.89}$$

以一个单变量线性定常系统为例，则

$$\begin{aligned}X_k &= \Phi X_{k-1} + W_{k-1}\\ Z_k &= X_k + V_k\end{aligned} \tag{5.90}$$

其中，状态变量 X_k 与测量值 Z_k 均为标量；Φ 为常数。$\{W_k\}$和$\{V_k\}$为零均值的

白噪声序列，它们的协方差分别为

$$E[W_k W_j] = Q\delta_{kj}, \quad E[V_k V_j] = R\delta_{kj}$$

并且$\{W_k\}$、$\{V_k\}$、X_0三者互不相关。根据式(5.82)～式(5.86)，求得$\hat{X}_k$的递推方程为

$$\hat{X}_{k,\,k-1} = \Phi \hat{X}_{k-1} \tag{5.91}$$

$$\hat{X}_k = \hat{X}_{k,\,k-1} + K_k(Z_k - \hat{X}_{k,\,k-1}) = (1 - K_k)\hat{X}_{k,\,k-1} + K_k Z_k \tag{5.92}$$

$$K_k = P_{k,\,k-1}(P_{k,\,k-1} + R)^{-1} = \frac{P_{k,\,k-1}}{P_{k,\,k-1} + R} \tag{5.93}$$

$$P_{k,\,k-1} = \Phi^2 P_{k-1} + Q \tag{5.94}$$

$$P_k = (1 - K_k)P_{k,\,k-1} = \left(1 - \frac{P_{k,\,k-1}}{P_{k,\,k-1} + R}\right)P_{k,\,k-1} = \frac{RP_{k,\,k-1}}{P_{k,\,k-1} + R} = RK_k \tag{5.95}$$

可以看出，式(5.92)中，K_k实际上决定了对测量值Z_k和上一步估计值$\hat{X}_{k-1}$利用的比例程度，若K_k增大，则利用Z_k的权重相对增大，而利用$\hat{X}_{k-1}$的权重相对减小。由式(5.93)和式(5.94)又可看出，K_k是由测量噪声的方差和上一步估计值的均方误差P_{k-1}决定的。假设Q一定，k时刻的估计精度较高，由式(5.94)确定的$P_{k,k-1}$较小，若测量精度很差，即R很大，则K_k变小，结果导致利用Z_k的权重减小，而利用$\hat{X}_{k-1}$的权重增大。若$\hat{X}_{k-1}$的精度很差，即P_{k-1}很大，而测量精度很高，即R很小，则K_k变大，结果导致利用Z_k的权重增大，而利用$\hat{X}_{k-1}$的权重减小。因此说明，卡尔曼滤波能定量识别各种信息的质量，并自动确定对这些信息的利用程度。

将$\Phi = Q = R = P_0 = 1$代入式(5.91)～式(5.95)，可以得到

$$P_{1,\,0} = P_0 + Q = 2$$

$$K_1 = P_{1,\,0}(P_{1,\,0} + R)^{-1} = \frac{2}{3} = 0.667$$

$$P_1 = RK_1 = K_1 = 0.667$$

$$P_{2,\,1} = P_1 + Q$$

$$K_2 = \frac{P_{2,\,1}}{P_{2,\,1} + R} = \frac{P_1 + Q}{P_1 + Q + R} = \frac{P_1 + 1}{P_1 + 2} = \frac{5}{8} = 0.625$$

$$P_2 = RK_2 = K_2 = 0.625$$

$$P_{3,\,2} = P_2 + Q$$

$$K_3 = \frac{P_{3,\,2}}{P_{3,\,2} + R} = \frac{P_2 + Q}{P_2 + Q + R} = \frac{P_2 + 1}{P_2 + 2} = \frac{13}{21} = 0.619$$

$$P_3 = RK_3 = K_3 = 0.619$$

$$\vdots$$

$$P_k = K_k = \frac{P_{k-1} + 1}{P_{k-1} + 2}$$

如图 5.5 所示，随着滤波步数 k 的增大，P_k 和 K_k 逐渐减小并逐步趋于稳态值，这意味着滤波刚开始时，状态估计主要依赖测量值，测量的修正作用不断地改善状态的估计精度，使 P_k 逐渐降低。由于估计精度不断提高，估计值本身所具有的信息的可利用程度也在逐渐提高，滤波过程中的时间更新作用逐渐加强，而测量更新的作用则逐渐相对减弱。当两者的作用趋于平衡时，滤波达到稳态，此时 P_k 和 K_k 达到稳态值。

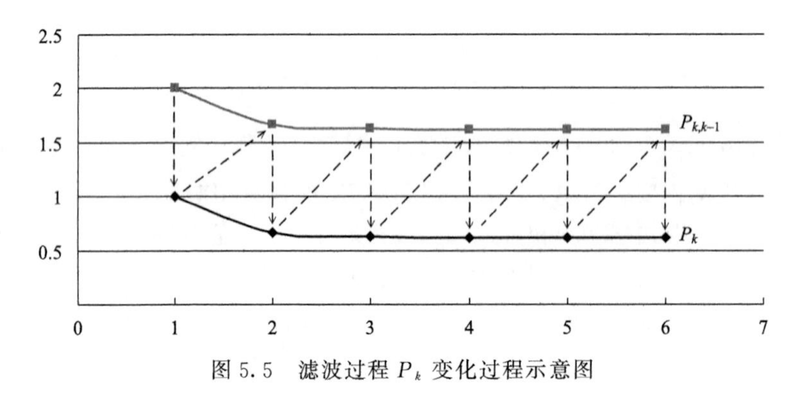

图 5.5　滤波过程 P_k 变化过程示意图

第6章　地球重力场与地球磁场

地球重力场是地球最重要的一个基本物理场，它反映了地球物质的空间分布、运动和变化。精细的地球重力场模型可以为地球物理学、海洋学、空间科学和军事等相关学科和领域的发展与理论方法的应用提供重要的基础地球物理空间信息。在导弹、卫星等飞行器的发射、制导、跟踪、遥控以及返回过程中，除了需要精确的地面点坐标及其坐标系保障外，高精度高分辨率的地球重力场信息(如地球重力场模型及其地面点的重力参数)也是必不可少的重要保障。高精度重力场模型可用于计算地球重力场对惯性导航系统的扰动影响，有助于惯性导航系统中惯性加速度与重力加速度的分离，从而改善惯性导航系统的性能。利用高精度重力场模型开展重力场匹配导航已成为导航技术的一个研究热点。

地球磁场与地球重力场一样，也是重要的地球基本物理场之一。地球磁场及其地磁场模型被广泛应用于航海、航空和地球物理勘探等活动中，基于磁罗盘的地磁导航技术发展已经相对成熟，在舰船或飞机安装的磁罗盘测得地磁方位角，经磁偏角改正后便能确定其地理方位和航行路线。与重力场匹配导航类似，利用高精度地磁场模型进行地磁匹配导航也成为导航技术的一个新的研究方向。

本章简要介绍地球重力场与地球磁场的基本知识。

6.1　地球重力场

在地球表面及近地空间中的任意质点均受到源于地球所产生重力的作用。地球的重力 $\boldsymbol{g}$ 是由地球引力 $\boldsymbol{F}$ 和由于质点绕地球自转轴旋转所产生离心力 $\boldsymbol{P}$ 共同作用的结果，即

$$\boldsymbol{g}=\boldsymbol{F}+\boldsymbol{P} \tag{6.1}$$

地球引力 $\boldsymbol{F}$ 的大小(简称引力)是由地球的形状及其内部质量分布决定的。假如认为地球是一个圆球，其物质以同一密度按照同心球层的方式分布，那么地球表面及其近地空间任意一质点所受引力将指向地心，其大小满足万有引力定律

$$F=\frac{GMm}{r^2} \tag{6.2}$$

其中，M 为地球质量；m 为质点质量；G 为万有引力常数；r 为质点到地心的距离。

对于单位质点，其所受引力为

$$F = \frac{GM}{r^2} \tag{6.3}$$

实际上，地球引力无论在数值上还是在方向上，都与式(6.2)所表达的不一样。

离心力 P 的方向是沿质点所在平行圈半径的向外方向，其大小为

$$P = m\omega^2\rho \tag{6.4}$$

对于单位质点，离心力 P 为

$$P = \omega^2\rho \tag{6.5}$$

其中，ω 为地球自转角速度；ρ 为质点所在平行圈的半径，它随纬度的不同而不同。

6.1.1 重力及重力位函数

由于力是向量，在某些情况下直接研究力的作用不是很方便。但是，人们发现对于保守力，可以找到一个相应的标量函数，这个函数对各坐标轴的偏导数等于力在相应坐标轴上的分量，此函数称为力的位函数。也可以说，力是位函数的梯度。显然，只要知道力的位函数就可以知道力，因此可以用对力的位函数的研究代替对力的研究。引力和离心力都有相应的位函数，它们的位函数之和组成了重力的位函数。

1. 引力与引力位函数

假设空间有两个质量分别为 m_i 和 m_j 的质点 i 和 j，在惯性坐标系 $O\text{-}XYZ$ 中，它们的位置矢量分别为 $\boldsymbol{r}_i$ 和 $\boldsymbol{r}_j$，如图 6.1 所示，

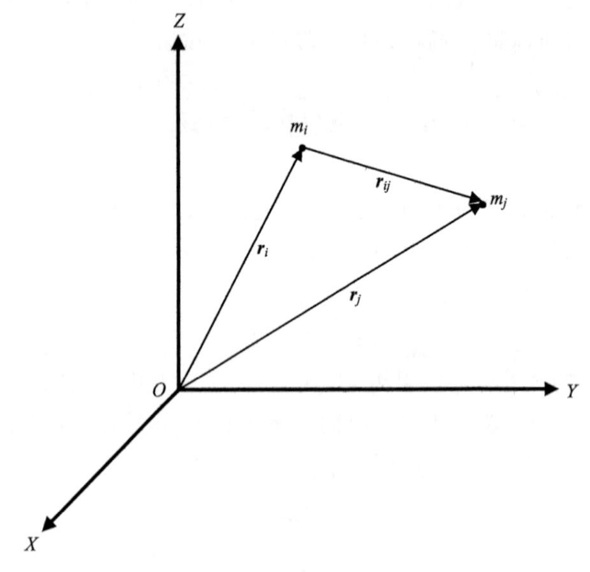

图 6.1 质点间的万有引力

m_i 到 m_j 的位置矢量为 $\boldsymbol{r}_{ji}=\boldsymbol{r}_j-\boldsymbol{r}_i$，则按照万有引力定律，质点 i 对质点 j 的引力为

$$\boldsymbol{F}=-\frac{Gm_im_j}{r_{ji}^3}\boldsymbol{r}_{ji} \tag{6.6}$$

其中，G 为万有引力常数。

设质点 j 的坐标为$(x,\ y,\ z)$，其质量为单位质量；质点 i 的坐标为$(\xi,\ \eta,\ \zeta)$。它们之间的距离为

$$r=\sqrt{(x-\xi)^2+(y-\eta)^2+(z-\zeta)^2} \tag{6.7}$$

则质点 i 对质点 j 的引力的大小为

$$F=\frac{Gm_i}{r^2} \tag{6.8}$$

其方向与 r 方向相反，三个方向余弦分别为

$$\begin{cases}\cos(F,\ X)=-\dfrac{x-\xi}{r}\\[2ex]\cos(F,\ Y)=-\dfrac{y-\eta}{r}\\[2ex]\cos(F,\ Z)=-\dfrac{z-\zeta}{r}\end{cases} \tag{6.9}$$

因此，引力沿三个坐标轴的分量分别为

$$\begin{cases}F_X=F\cos(F,\ X)=-\dfrac{Gm_i}{r^2}\,\dfrac{x-\xi}{r}\\[2ex]F_Y=F\cos(F,\ Y)=-\dfrac{Gm_i}{r^2}\,\dfrac{y-\eta}{r}\\[2ex]F_Z=F\cos(F,\ Z)=-\dfrac{Gm_i}{r^2}\,\dfrac{z-\zeta}{r}\end{cases} \tag{6.10}$$

取一个标量函数 $V_{(X,Y,Z)}$：

$$V_{(X,\ Y,\ Z)}=\frac{Gm_i}{r} \tag{6.11}$$

其中，右端各字母含义同前。将函数 $V_{(X,Y,Z)}$ 分别对 x、y、z 求偏导数，可得

$$\begin{cases}\dfrac{\partial V}{\partial x}=Gm_i\,\dfrac{\partial}{\partial x}\left(\dfrac{1}{r}\right)\\[2ex]\dfrac{\partial V}{\partial y}=Gm_i\,\dfrac{\partial}{\partial y}\left(\dfrac{1}{r}\right)\\[2ex]\dfrac{\partial V}{\partial z}=Gm_i\,\dfrac{\partial}{\partial z}\left(\dfrac{1}{r}\right)\end{cases} \tag{6.12}$$

利用式分别求得$\frac{\partial}{\partial x}\left(\frac{1}{r}\right)$，$\frac{\partial}{\partial y}\left(\frac{1}{r}\right)$，$\frac{\partial}{\partial z}\left(\frac{1}{r}\right)$并代入上式，得

$$\begin{cases}\frac{\partial V}{\partial x}=-\frac{Gm_i}{r^2}\frac{x-\xi}{r}\\ \frac{\partial V}{\partial y}=-\frac{Gm_i}{r^2}\frac{y-\eta}{r}\\ \frac{\partial V}{\partial z}=-\frac{Gm_i}{r^2}\frac{z-\zeta}{r}\end{cases} \tag{6.13}$$

将式(6.13)与式(6.10)比较可看出，两式的右端相同。由此称标量函数$V_{(X,Y,Z)}$为质点i对质点j的引力位函数。可以证明，力的位函数对任意方向的导数等于力在该方向的分力。

对于由多个质点组成的质点系(m_1，m_2，…，m_n)对单位质点j的引力位函数，等于质点系中各质点对单位质点j的引力位函数的总和，即

$$V=\frac{Gm_1}{r_1}+\frac{Gm_2}{r_2}+\cdots+\frac{Gm_n}{r_n}=G\sum_{i=1}^{n}\frac{m_i}{r_i} \tag{6.14}$$

对于内部质点连续分布的一个质量体M，如图6.2所示，其对质体外的单位质点j的引力位函数V用积分形式表示，即

$$V=G\int_M\frac{\mathrm{d}m}{r} \tag{6.15}$$

其中，$\mathrm{d}m$为单元质量，其坐标为(ξ，η，ζ)；r为$\mathrm{d}m$至被吸引的单位质点j的距离。

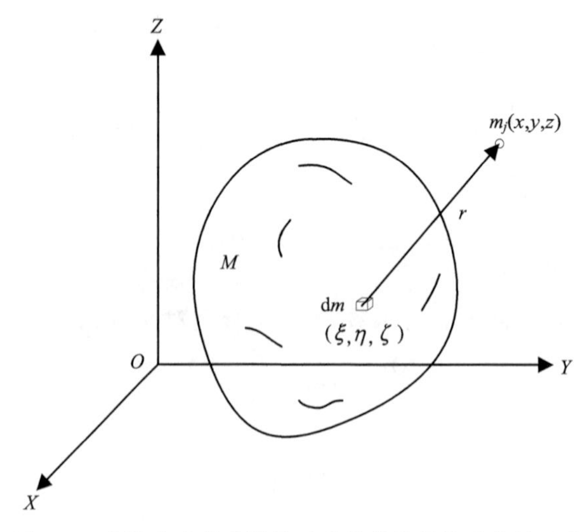

图6.2 连续分布的质量体对质体外的单位质点的引力

2. 离心力与离心力位函数

离心力 P 的方向为垂直于地球自转轴向外，即与 ρ 重合并背向旋转轴，如图 6.3 所示。

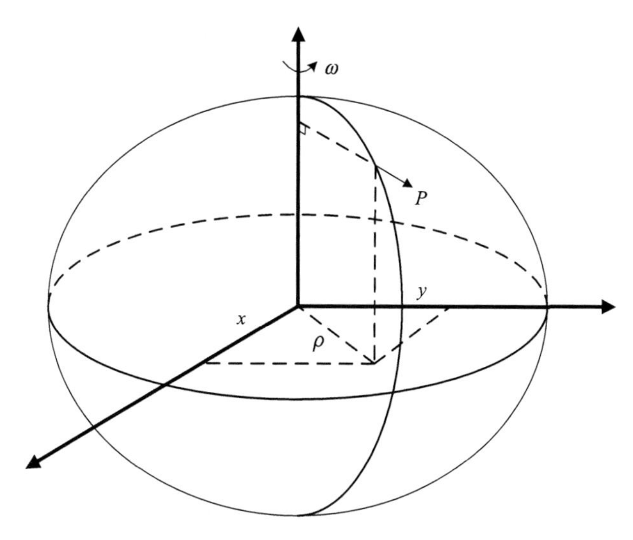

图 6.3　地球上一点的离心力

设地球自转轴与直角坐标系 $O\text{-}XYZ$ 的 Z 轴重合，对于坐标为(x, y, z)的地面点，则有

$$\rho=\sqrt{x^2+y^2} \tag{6.16}$$

将式(6.16)代入式(6.5)，得

$$P=\omega^2\sqrt{x^2+y^2} \tag{6.17}$$

显然，离心力 P 的位函数为 Q 的表达式为

$$Q=\frac{1}{2}\omega^2\rho^2 \tag{6.18}$$

或者

$$Q=\frac{1}{2}\omega^2(x^2+y^2) \tag{6.19}$$

3. 重力位与重力

地球对其表面任一点的重力为引力和离心力的合力，因此，重力位 W 等于引力位 V 与离心力位 Q 之和，其表达式为

$$W = V + Q \tag{6.20}$$

其一般表达式为

$$W = G\int_M \frac{\mathrm{d}m}{r} + \frac{1}{2}\omega^2(x^2 + y^2) \tag{6.21}$$

由于地球重力位函数包含地球重力场信息，引入它来描述地球重力场对于研究以及应用地球重力场是比较方便的。重力等位面及其力线可用来描述地球重力场的不规则性。一个平滑的重力位函数对应平滑的重力场，一个不规则的重力位函数对应不规则的重力场。所谓重力等位面，就是在这个曲面上重力位函数值处处相等，这个等位面的一般方程可表示为

$$W_{(x,\ y,\ z)} = \text{常数}$$

显然，在式(6.21)中，给右端的常数一个定值，就可得到一个曲面方程，在这个曲面上的重力位处处相等。只要给出不同的常数值，就可得到不同的等位面。物体沿重力等位面上运动，重力位不发生变化，即重力是不做功的。

任意一点的重力方向必垂直于通过该点的重力等位面。任取一个与重力等位面相切的方向 $\boldsymbol{l}$，由于重力等位面上的重力位函数为常数，所以重力位沿 $\boldsymbol{l}$ 方向的导数应等于零。根据重力位函数的定义，这个方向导数就是重力沿该方向的分量，即

$$g_l = \frac{\partial W}{\partial l} = g \cdot \cos(\boldsymbol{g},\ \boldsymbol{l}) = 0 \tag{6.22}$$

因为重力 g 是一个自然存在的量，它不可能为零，式(6.22)中只能是重力方向 $\boldsymbol{g}$ 和方向 $\boldsymbol{l}$ 的夹角$(\boldsymbol{g},\ \boldsymbol{l})$为 90°。

水面与重力等位面的性质是一致的，对于一个静止的水面，正是由于它的每一面元都与过该面元的重力方向正交，水面才保持静止状态，所以重力等位面又称重力水准面(简称水准面)。只要给出不同的常数值，就可得到不同的(或者说有限多个)水准面，其中一个与全球平均海平面最为接近的，或者说与全球静止海水面重合的水准面，称为大地水准面。

重力等位面有几个非常重要的性质，在此不加证明地叙述如下：

(1) 重力等位面之间既不平行又不相交，它们必定是封闭曲面；

(2) 重力等位面是连续的、没有间断点的曲面；

(3) 重力等位面是一个光滑的曲面，不会产生棱角；

(4) 重力等位面局部曲率半径的变化是平滑的，只有在地球质量密度发生突变处例外；

(5) 由于重力等位面之间的不平行，造成重力线是弯曲的，一点的重力方向就是该点重力线的切线方向。

由于物体受力产生的加速度与其质量的乘积等于其所受的力，对于一个单位质量的物体，作用其上的重力在数值上等于使它产生的重力加速度的值，因此，常将重力和重力加速度这两个概念通用，当说到“某一点的重力”时，实质上是说该点的重力加速度。重力加速度的单位常用伽（Gal）、毫伽（mGal）和微伽（μGal），其中

$$1\text{mGal}=10^{-5}\text{ms}^{-2}$$

$$1\text{Gal}=1000\text{mGal}=1000000\mu\text{Gal}$$

实际测量结果表明，地球表面的平均重力值近似为 980Gal，但地面上各处的重力大小是不一样的，从总的趋势看，地面重力值由赤道向两极逐渐增大，赤道地区的重力值约为 978Gal，而地球两极地区的重力值约为 983Gal，当然局部地区重力还有其各自的变化规律。

4. 地球的引力位模型

在地球重力位公式(6.21)中，离心力位的计算相对容易，关键是如何精确计算地球引力位。由于地球表面形状的确定本身就是一个待研究的问题，而地球内部物质密度分布又是极不规则且无法知道的，因此，根据式(6.21)精确计算地球重力位是不可能的。为此，引入一个近似的地球重力位——正常重力位，它是一个函数相对简单、不涉及地球形状和密度便可以直接计算地球重力位近似值的辅助重力位。因此，构建正常重力位公式的核心是找出一个计算地球引力位的数学模型，在此基础上根据需要进行取舍，并顾及离心力位的计算，从而得到地球的正常重力位。

如图 6.4 所示，在直角坐标系及球坐标系中，将地球分解为若干小的体积元，每个体积元的质量为 dm，位置向量为 $\boldsymbol{\rho}(\xi, \eta, \zeta)$。地球外一单位质点 P，其位置向量为 $\boldsymbol{r}(x, y, z)$。那么，地球对该单位质点的引力位函数 V 仍可用式(6.15)来表示，则

$$V=G\int_M \frac{\mathrm{d}m}{R} \tag{6.23}$$

其中，M 为对整个地球的积分。

体积元 dm 和单位质点 P 的直角坐标和球坐标的关系为

$$\boldsymbol{\rho}=\begin{bmatrix}\xi\\ \eta\\ \zeta\end{bmatrix}=\begin{bmatrix}\rho\sin\theta'\cos\lambda'\\ \rho\sin\theta'\sin\lambda'\\ \rho\cos\theta'\end{bmatrix} \tag{6.24}$$

$$\boldsymbol{r}=\begin{bmatrix}x\\ y\\ z\end{bmatrix}=\begin{bmatrix}r\sin\theta\cos\lambda\\ r\sin\theta\sin\lambda\\ r\cos\theta\end{bmatrix} \tag{6.25}$$

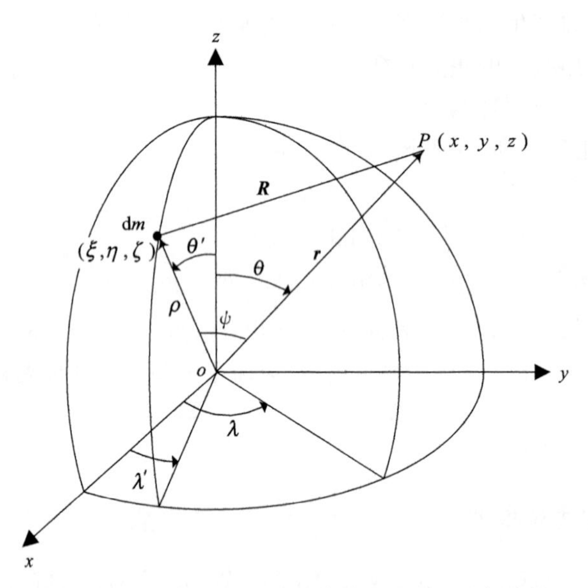

图 6.4　地球体积元与地球外单位质点的几何关系

由三角形余弦定理得到

$$R^2 = r^2 + \rho^2 - 2r\rho\cos\psi \tag{6.26}$$

其中，ψ 为体积元位置向量与单位质点位置向量对地心的张角。

由于 $\rho < r$，可以有如下展开式

$$\frac{1}{R} = (r^2 + \rho^2 - 2r\rho\cos\psi)^{-\frac{1}{2}} = \frac{1}{r}\sum_{n=0}^{\infty}\left(\frac{\rho}{r}\right)^n \mathrm{P}_n(\cos\psi) \tag{6.27}$$

其中，$\mathrm{P}_n(\cos\psi)$称为 n 阶勒让德多项式，它的计算表达式为

$$\mathrm{P}_n(\cos\alpha) = \frac{1}{2^n n!}\frac{\mathrm{d}^n(\cos^2\alpha - 1)^n}{\mathrm{d}(\cos\alpha)^n} \tag{6.28}$$

n 阶勒让德多项式可以采用以下递推公式计算：

$$\begin{cases} \mathrm{P}_0(\cos\alpha) = 1 \\ \mathrm{P}_1(\cos\alpha) = \cos\alpha \\ \mathrm{P}_2(\cos\alpha) = \dfrac{3}{2}\cos^2\alpha - \dfrac{1}{2} \\ \quad\vdots \\ \mathrm{P}_n(\cos\alpha) = \left(2 - \dfrac{1}{n}\right)\cos\alpha\,\mathrm{P}_{n-1}(\cos\alpha) - \left(1 - \dfrac{1}{n}\right)\mathrm{P}_{n-2}(\cos\alpha), \quad n \geqslant 2 \end{cases} \tag{6.29}$$

于是，地球对单位质点的引力位函数 V 可以改写为

$$V=\frac{GM}{r}\sum_{n=0}^{\infty}\frac{1}{M}\int_{M}\mathrm{P}_{n}(\cos\psi)\left(\frac{\rho}{r}\right)^{n}\mathrm{d}m \tag{6.30}$$

其中，M 为地球总质量。

利用球面三角形边的余弦定理和球谐函数理论，可以对引力位函数 V 作进一步改写。在此略去推导，直接给出地球非球形和质量不均匀条件下的引力位函数 V 形式，即

$$V=\frac{GM}{r}\sum_{n=0}^{\infty}\sum_{m=0}^{n}\left[\left(\frac{a}{r}\right)^{n}(C_{nm}\cos m\lambda+S_{nm}\sin m\lambda)\,\mathrm{P}_{nm}(\cos\theta)\right] \tag{6.31}$$

其中，a 为地球赤道半径；C_{nm}、S_{nm} 为球谐系数；$\mathrm{P}_{nm}(\cos\theta)$ 称为 n 阶 m 次伴随勒让德多项式。C_{nm}、S_{nm} 和 $\mathrm{P}_{nm}(\cos\theta)$ 的计算表达式为

$$\begin{cases} C_{nm}=2^{\delta}\dfrac{(n-m)!}{(n+m)!}\dfrac{1}{Ma^{n}}\displaystyle\int_{M}\rho^{n}\mathrm{P}_{nm}(\cos\theta')\cos m\lambda'\mathrm{d}m \\ \qquad\qquad\qquad\qquad\qquad\qquad\qquad\qquad \delta=\begin{cases}0, & m=0\\ 1, & m\neq 0\end{cases} \\ S_{nm}=2^{\delta}\dfrac{(n-m)!}{(n+m)!}\dfrac{1}{Ma^{n}}\displaystyle\int_{M}\rho^{n}P_{nm}(\cos\theta')\sin m\lambda'\mathrm{d}m \end{cases} \tag{6.32}$$

$$\mathrm{P}_{nm}(\cos\theta)=\sin^{m}\theta\,\frac{\mathrm{d}^{m}\mathrm{P}_{n}(\cos\theta)}{\mathrm{d}(\cos\theta)^{m}} \tag{6.33}$$

式(6.31)给出了地球引力位函数表达式的一般形式，其中第一项 $\dfrac{GM}{r}(n=0)$ 对应一个球形地球，后面各项即为地球非球形的修正项。这些非球形修正项的大小反映了地球形状的不规则性和内部质量的不均匀性，均由两组系数 C_{nm} 和 S_{nm} 的数值来体现。由于地球形状和内部的密度分布没有具体表达形式，因此，球谐系数 C_{nm} 和 S_{nm} 无法由积分表达式直接计算，而是通过地面和空间大地测量的数据反演计算得到。在给出球谐系数 C_{nm} 和 S_{nm} 的同时，通常也给出了一个相应的地球参考椭球体模型，包括地心引力常数 GM、赤道半径 a 和扁率 f 等参数。但是，可以根据式(6.32)、式(6.33)和式(6.34)，对 $n=0$，1，2 时的两组系数的低阶次数值进行计算，得到这些低阶系数反映出的一些特性。

表 6.1 中，(x_c, y_c, z_c) 为地心在直角坐标系中的位置。如果坐标系原点与地心重合，则有 $C_{10}=0$，$C_{11}=0$，$S_{11}=0$；I_{xx}、I_{yy}、I_{zz} 分别为地球相对于坐标系的 x 轴、y 轴、z 轴的转动惯量，I_{xy}、I_{yz}、I_{zx} 分别为地球相对于坐标系的 x 轴和 y 轴、y 轴和 z 轴以及 z 轴和 x 轴的惯量积，如果坐标系的 z 轴与地球惯量主轴重合，则有 $I_{zx}=I_{yz}=0$，即 $C_{21}=S_{21}=0$。对于 C_{20}、C_{22} 和 S_{22}，如果 C_{20}

<0，即 $I_{zz}>\frac{1}{2}(I_{xx}+I_{yy})$，则地球为扁椭球体，反之为长椭球体，地球属于前者。C_{22}和 S_{22}不为零，则反映地球赤道不是圆。因此，通常把 C_{20}看成地球扁率参数。

表 6.1 二阶二次球谐系数值

C_{00}	1	S_{00}	0
C_{10}	$\frac{z_c}{a}$	S_{10}	0
C_{11}	$\frac{x_c}{a}$	S_{11}	$\frac{y_c}{a}$
C_{20}	$\frac{1}{Ma^2}\left(\frac{I_{xx}+I_{yy}}{2}-I_{zz}\right)$	S_{20}	0
C_{21}	$\frac{1}{Ma^2}I_{zx}$	S_{21}	$\frac{1}{Ma^2}I_{yz}$
C_{22}	$\frac{I_{yy}-I_{xx}}{4Ma^2}$	S_{22}	$\frac{1}{Ma^2}I_{xy}$

从地球引力位函数表达式(6.31)可以看出，地球非球形部分包括两类性质完全不同的项，一类对应 $m=0$，此时 $\sin m\lambda=0$，$\cos m\lambda=1$，这些项与经度 λ 无关；另一类则对应 $m=1, 2, \cdots, n$，它们依赖经度 λ。通常把式(6.31)中第一项$\frac{GM}{r}$以及这两类项分开，可将地球引力位函数表达式(6.31)写成如下形式

$$V=\frac{GM}{r}\left[1+\sum_{n=1}^{\infty}\left(\frac{a}{r}\right)^n C_n \mathrm{P}_n(\cos\theta)+\sum_{n=1}^{\infty}\sum_{m=1}^{n}\left(\frac{a}{r}\right)^n (C_{nm}\cos m\lambda+S_{nm}\sin m\lambda)\mathrm{P}_{nm}(\cos\theta)\right] \tag{6.34}$$

其中，$C_n=C_{n0}$，它与经度无关，称为带谐项系数；而与经度有关的 C_{nm} 和 S_{nm} $(m\neq 0)$称为田谐项系数。有的还把 C_{nm} 和 S_{nm} $(m\neq 0)$中 $m=n$ 对应的系数称为扇谐项系数。

在描述卫星轨道动力学的相关文献和工作中，常引用另外一个符号 J_n 代替 C_n，即 $J_n=-C_n$，于是，地球引力位函数又可以写成另一种形式

$$V=\frac{GM}{r}\left[1-\sum_{n=1}^{\infty}\left(\frac{a}{r}\right)^n J_n \mathrm{P}_n(\cos\theta)+\sum_{n=1}^{\infty}\sum_{m=1}^{n}\left(\frac{a}{r}\right)^n (C_{nm}\cos m\lambda+S_{nm}\sin m\lambda)\mathrm{P}_{nm}(\cos\theta)\right] \tag{6.35}$$

在引力位函数表达式中，$\mathrm{P}_{nm}(\cos\theta)$的值在阶次相差较大时，其数值相差较大，

如 $P_{21}(\cos 58°) = 1.3482$，$P_{88}(\cos 58°) = 542279$，这将给数值计算带来不便。为了避免这一情况的出现，常采用归一化的伴随勒让德多项式 $\overline{P}_{nm}(\cos\theta)$ 代替 $P_{nm}(\cos\theta)$，它们之间差一个常数因子 N_{nm}：

$$\overline{P}_{nm}(\cos\theta) = \frac{P_{nm}(\cos\theta)}{N_{nm}}$$

$$N_{nm} = \sqrt{\frac{(n+m)!}{(1+\delta)(2n+1)(n-m)!}} \tag{6.36}$$

在上述定义下，归一化后的地球引力位函数表达式可写为

$$V = \frac{GM}{r}\left[1 + \sum_{n=1}^{\infty}\sum_{m=0}^{n}\left(\frac{a}{r}\right)^n (\overline{C}_{nm}\cos m\lambda + \overline{S}_{nm}\sin m\lambda)\,\overline{P}_{nm}(\cos\theta)\right] \tag{6.37}$$

其中

$$\begin{cases}\overline{C}_{nm} = C_{nm}N_{nm} \\ \overline{S}_{nm} = S_{nm}N_{nm}\end{cases} \tag{6.38}$$

也可以进一步将带谐项和田谐项分开，即

$$V = \frac{GM}{r}\left[1 + \sum_{n=1}^{\infty}\left(\frac{a}{r}\right)^n \overline{C}_n P_n(\cos\theta) + \sum_{n=1}^{\infty}\sum_{m=1}^{n}\left(\frac{a}{r}\right)^n (\overline{C}_{nm}\cos m\lambda + \overline{S}_{nm}\sin m\lambda)\,\overline{P}_{nm}(\cos\theta)\right] \tag{6.39}$$

此时，再比较 $\overline{P}_{21}(\cos 58°) = 1.7405$，$\overline{P}_{88}(\cos 58°) = 0.6913$ 可以看出，采用归一化方法后，伴随勒让德多项式数值随 n 和 k 的变化的差异较小。归一化后的球谐系数，除了 $\overline{C}_2 = \overline{C}_{20}$ 的数量级为 10^{-3} 外，其余各系数 $\overline{C}_{nm}$ 和 $\overline{S}_{nm}$ 的数量级一般为 $10^{-7} \sim 10^{-6}$，或者更小。WGS84 坐标系的地球重力场模型中引力位函数的系数便是采用了上述形式的归一化球谐系数。

6.1.2　地球的正常重力场与正常重力

由于地球形状和内部质量分布的不规则及其未知性，导致地球重力位和重力等的复杂和不规则性，给地球重力场的研究及其成果应用带来诸多不便。对此，通常的做法是引入一个函数关系简单而又非常接近地球重力场的辅助重力位函数，称为正常重力位。重力位是人为选择的一个形状规则的、密度已知的自转质量体作为实际地球的近似而产生的，这个质量体称为正常地球。正常地球应满足如下的基本要求：

一是，它的形状及质量参数是已知的，其产生的重力场称为正常重力场。它的正常重力位及相应的正常重力与实际地球的对应量尽量接近；

二是，其表面应是一个正常的重力位水准面。

不同的研究目的，可以选择不同的正常地球，形成不同的正常重力场。为了与地球形状的研究与应用相一致，通常选择一个旋转椭球作为正常地球，称为正常椭球。正常椭球就是一个假想的形状和质量分布很规则的旋转椭球体，它是大地水准面的规则形状，用以代表地球的理想形体，正常重力场是实际地球重力场的近似。为了使两者差别较小，可以这样选择正常椭球：

其一，正常椭球的旋转轴与实际地球的自转轴重合，且两者的旋转角速度相等；

其二，正常椭球的中心重合于地球质心，坐标轴重合于地球的主惯性轴；

其三，正常椭球的总质量与实际地球的质量相等；

其四，正常椭球表面与大地水准面偏差的平方和为最小。

由于正常椭球的规则性，正常椭球的引力位显然与 λ 无关，而只是 r 和 θ 的函数，且其引力位对称于赤道，因而引力位的球谐函数展开式中只有偶阶带谐项。由式(6.35)可得正常椭球对外部点的引力位为

$$V_{(r,\theta)}=\frac{GM}{r}\left[1-\sum_{n=1}^{\infty}J_{2n}\left(\frac{a}{r}\right)^{2n}\mathrm{P}_{2n}(\cos\theta)\right] \tag{6.40}$$

其中，J_{2n}是与正常椭球参数有关的常系数。因此，式(6.40)可完全确定。

此时的正常重力位为

$$U_{(r,\theta)}=\frac{GM}{r}\left[1-\sum_{n=1}^{\infty}J_{2n}\left(\frac{a}{r}\right)^{2n}\mathrm{P}_{2n}(\cos\theta)\right]+\frac{1}{2}\omega^2r^2\sin^2\theta \tag{6.41}$$

按照位函数和力的关系，正常重力可通过对正常重力位求导得到。为了实际应用的需要，一般选取正常重力位球谐函数展开式的前几项。在实践中选取项数的多少是根据观测资料的精度和对正常重力位所要求的精度而定。通常情况下，为了达到实用的精度要求，至少应考虑四阶主球谐函数，并且在推导过程中要考虑椭球扁率平方级的各项。在此不加推导地直接给考虑椭球扁率平方级的正常椭球面上的正常重力值 γ 公式：

$$\gamma=\gamma_a(1+\beta\sin^2B-\beta_1\sin^2 2B) \tag{6.42}$$

其中，γ_a 为赤道处的正常重力值；B 为计算点的大地纬度；赤道重力 γ_a 及系数 β、β_1 分别为

$$\begin{cases}\gamma_a=\dfrac{GM}{ab}\left(1-\dfrac{3}{2}m-\dfrac{3}{7}mf-\dfrac{125}{294}mf^2\right)\\ \beta=-f+\dfrac{5}{2}m-\dfrac{17}{14}mf+\dfrac{15}{4}m^2\\ \beta_1=-\dfrac{1}{8}f^2+\dfrac{5}{8}mf\\ m=\dfrac{\omega^2a^2b}{GM}\end{cases} \tag{6.43}$$

其中，b 为椭球的短半轴；f 为椭球的扁率。

例如，对应于 1979 年 IUGG 第 17 届大会推荐的 1980 大地参考系的椭球参数：

$$\begin{cases} a = 6378137\text{m} \\ GM = 3986005 \times 10^8 \text{m}^3 \cdot \text{s}^{-2} \\ J_2 = 108263 \times 10^{-8} \quad (\text{与 } f \text{ 有一定的转换关系}) \\ \omega = 7292115 \times 10^{-11} \text{s}^{-1} \end{cases} \tag{6.44}$$

与此相应的正常重力公式为

$$\gamma = 978.0327(1 + 0.0053024\sin^2 B - 0.0000058\sin^2 2B) \tag{6.45}$$

高出正常椭球面 H 处的正常重力值 γ 为

$$\gamma = \gamma_0 - 0.3086H \tag{6.46}$$

即地面点的高度每升高 1m，则正常重力减小 0.3mGal。

对应于真正地球和正常椭球的两种重力场，必然有两种重力值，即实际重力值 g 和正常重力值 γ，g 和 γ 的差值，即 $g-\gamma$ 称为重力异常。有关重力异常及其相关知识在此不作进一步介绍，有兴趣的读者可自行参考相关书籍与文献。

除了上述正常重力的截断公式外，在描述地球正常重力场时，还有另一个椭球面上的严密公式，它是一个封闭形式的正常重力公式

$$\gamma = \frac{a\gamma_a \cos^2 B + b\gamma_b \sin^2 B}{\sqrt{a^2\cos^2 B + b^2\sin^2 B}} \tag{6.47}$$

其中，γ_a、γ_b 分别为椭球赤道和两极的正常重力；a、b 分别为椭球的长、短半轴；B 为计算点的大地纬度。

WGS84 坐标系以上述形式给出了其椭球面的正常重力公式

$$\gamma = \gamma_a \frac{1 + k\sin^2 B}{\sqrt{1 - e^2\sin^2 B}} \tag{6.48}$$

其中，$k = \dfrac{b\gamma_b}{a\gamma_a} - 1$；$e$ 为椭球的偏心率。式(6.48)的实际计算公式为

$$\gamma = 9.7803253359 \frac{1 + 0.001931853\sin^2 B}{\sqrt{1 - e^2\sin^2 B}} \tag{6.49}$$

计算结果的单位为 m/s^2。

在实际应用中，根据需要也可以将式(6.47)展成级数形式，若取至扁率的平方量级同样可得到式(6.42)的形式。

综上所述，只要给出正常椭球的 4 个参数，地球外部正常重力场就被唯一地确定，即可按纬度计算出椭球面上任意一点的正常重力。在惯性导航系统中常采用上述公式来计算地球重力。

6.2 地球磁场

与地球引力场一样，地球磁场(简称“地磁场”)也是一个地球的基本物理场，地球上及近地空间的任意一点都受到地球磁场的作用。地磁学的研究和发展为地磁导航提供了可靠的理论基础，地磁场丰富的磁场特性为地磁导航提供了较为充足的基础信息。

6.2.1 地磁要素与地磁场构成

地磁场是一个矢量场，它包含大小和方向，因此，描述某一点的地磁场强度需要3个独立的分量。这里所谓的地磁场强度实际是地磁感应强度 $\boldsymbol{B}$，采用国际单位制SI时，地磁感应强度的单位为特斯拉(T)，更小的单位有纳特(nT)，$1\text{nT}=10^{-9}\text{T}$；采用CGSM单位制时，地磁感应强度的单位为高斯(Gs)，$1\text{T}=10^{-4}\text{Gs}$。地磁场是一个弱磁场，在地球表面上的平均磁感应强度约为 $0.5\times10^{-4}\text{T}$。

1. 地磁要素

在描述地磁场时，所选用的坐标系不同，3个独立分量也不同。如图6.5所示，在测量点 O 建立直角坐标系 $O\text{-}xyz$，x 轴沿地球子午线向北为正，y 轴沿纬度方向东为正，z 轴向下为正，在该直角坐标系中，地磁感应强度用北向分量 X、东向分量 Y 和垂直分量 Z 表示。在以 O 点建立的柱坐标中，用水平分量 H、磁偏角 D 和垂直分量 Z 表示。在以 O 点建立的球坐标中，用磁倾角 I、磁偏角 D 和总强度 F 表示。以上7个物理量(北向分量 X、东向分量 Y、垂直分量 Z、水平分量 H、磁偏角 D、磁倾角 I、总强度 F)称为地磁场的7要素。

可以看出，地磁场的7要素之间并不是互相独立的，而是存在以下关系

$$\begin{cases} X = H\cos D, & Y = H\sin D \\ Z = F\sin I, & H = F\cos I \\ \tan I = Z/H, & \tan D = Y/X \\ H^2 = X^2 + Y^2, & F^2 = H^2 + Z^2 \end{cases} \tag{6.50}$$

图6.5表示出了地磁场的7要素之间的关系。可以看出，若想确定一点的地磁场强度和方向，至少需要测量出彼此相互独立的3个要素。目前能够直接测量得到地磁场要素绝对值量的有 Z、H、D、I 和 F。

2. 地磁场构成

地磁场的构成复杂，它是由多种不同来源的磁场叠加而成的，从不同的角度

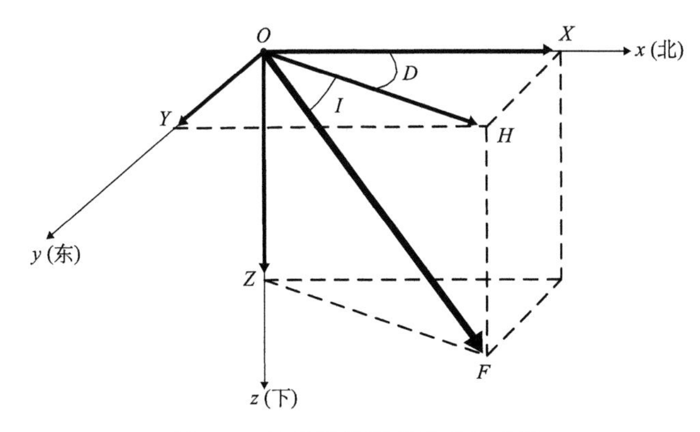

图 6.5　地磁场的要素关系示意图

分析，其不同的成分有不同的名称。

从稳定与变化的角度分析，地球总磁场 $\boldsymbol{B}_T$ 可分为稳定磁场(基本磁场)$\boldsymbol{B}_T^0$ 和变化磁场 $\delta\boldsymbol{B}_T$，即

$$\boldsymbol{B}_T = \boldsymbol{B}_T^0 + \delta\boldsymbol{B}_T \tag{6.51}$$

变化磁场通常很弱，一般在地磁场总强度的 1%以下，最大变化(在磁暴发生的情况下)也只有地磁场总强度的 2%～4%。

进一步从场源的角度分析，对于 $\boldsymbol{B}_T^0$ 和 $\delta\boldsymbol{B}_T$，又可以分为地球内部和地球外部两个部分，即

$$\begin{cases}\boldsymbol{B}_T^0 = \boldsymbol{B}_i + \boldsymbol{B}_e \\ \delta\boldsymbol{B}_T = \delta\boldsymbol{B}_i + \delta\boldsymbol{B}_e\end{cases} \tag{6.52}$$

其中，i 表示起源于地球内部；e 表示起源于地球外部；$\boldsymbol{B}_i$ 为源于地球内部的稳定磁场，称为地磁场的内源稳定场；$\boldsymbol{B}_e$ 是源于地球外部的稳定磁场，称为地磁场的外源稳定场；$\delta\boldsymbol{B}_i$ 为变化磁场的内源部分，称为地磁场的内源变化场，约占总变化磁场的 1/3；$\delta\boldsymbol{B}_e$ 为变化磁场的外源部分，称为地磁场的外源变化场，约占总变化磁场的 2/3。

内源稳定场 $\boldsymbol{B}_i$ 还可以分为地心偶极子场 $\boldsymbol{B}_0$、非偶极子场 $\boldsymbol{B}_m$(也称为大陆磁场)和异常磁场 $\boldsymbol{B}_a$，即

$$\boldsymbol{B}_i = \boldsymbol{B}_0 + \boldsymbol{B}_m + \boldsymbol{B}_a \tag{6.53}$$

地心偶极子场 $\boldsymbol{B}_0$ 又称为地核场。总磁场减去地核场所得到的剩余部分称为剩余磁场。异常磁场 $\boldsymbol{B}_a$ 又可分为区域异常场 $\boldsymbol{B}'_a$ 和局部异常场(地方异常场)$\boldsymbol{B}''_a$。

从以上分析可知，地球总磁场 $\boldsymbol{B}_T$ 可分为三部分：内源稳定场 $\boldsymbol{B}_i$、外源稳定场 $\boldsymbol{B}_e$ 和变化磁场 $\delta\boldsymbol{B}_T$，即

$$\boldsymbol{B}_T = \boldsymbol{B}_i + \boldsymbol{B}_e + \delta\boldsymbol{B}_T \tag{6.54}$$

内源稳定场 $\boldsymbol{B}_i$ 又包括地心偶极子场 $\boldsymbol{B}_0$、非偶极子场 $\boldsymbol{B}_m$ 和异常磁场 $\boldsymbol{B}_a$，故地球总磁场 $\boldsymbol{B}_T$ 可以写为

$$\boldsymbol{B}_T = \boldsymbol{B}_0 + \boldsymbol{B}_m + \boldsymbol{B}_a + \boldsymbol{B}_e + \delta\boldsymbol{B}_T \tag{6.55}$$

由于地心偶极子场 $\boldsymbol{B}_0$ 和非偶极子场 $\boldsymbol{B}_m$ 是地磁场的基本部分，因此也把二者之和称为地球的基本磁场 $\boldsymbol{B}_n$，即

$$\boldsymbol{B}_n = \boldsymbol{B}_0 + \boldsymbol{B}_m \tag{6.56}$$

地球基本磁场 $\boldsymbol{B}_n$ 起源于地球内部，它是地磁场的主要成分，因此称为主磁场，占地磁场的95%以上。基本磁场是稳定场，其变化极为缓慢，这种缓慢变化称为地磁场的长期变化，它有别于通常意义上的变化磁场。

外源稳定场 $\boldsymbol{B}_e$ 的数值很小，仅占偶极子磁场的5%～6%，其起源与地球无关，是由地球以外的一些空间因素引起的。

与异常磁场的概念相对应，有时把 $\boldsymbol{B}_0 + \boldsymbol{B}_m + \boldsymbol{B}_e$ 称为正常磁场，又因为外源稳定场 $\boldsymbol{B}_e$ 很弱，所以正常磁场与基本磁场大致相同。

在地面上某些地区的地磁要素分布呈现出复杂的情况。这些地方不仅地磁场的水平梯度变化很大，而且还很不一致。这些地区称为地磁异常区。磁异常按照其分布范围分为区域异常和局部异常。区域异常 $\boldsymbol{B}'_a$ 是由地壳深部岩层的磁化所产生的磁场，因岩层较深，故其特点是分布范围较广(几十平方公里以上)，磁场梯度较小，磁异常一般较弱。局部异常场(地方异常场) $\boldsymbol{B}''_a$ 是由地壳浅部岩层(包括矿物)的磁化所产生的磁场，因岩层较浅，故其特点是分布范围较小(几十平方公里或几平方公里)，磁场梯度较大，磁异常一般较强。为了突出磁异常区域的磁场特性(异常磁场)，常用绘制磁异常的等值线图来表示，其数值由实际的磁测结果减去正常磁场值(由地磁图给出)得到。

如前所述，稳定磁场并不意味着是恒定不变的，只是它的变化极为缓慢而已。而变化磁场 $\delta\boldsymbol{B}_T$ 是指稳定磁场以外的部分，它也可以分为起源于地球内部的内源变化磁场 $\delta\boldsymbol{B}_i$ 和起源于地球外部的外源变化磁场 $\delta\boldsymbol{B}_e$。$\delta\boldsymbol{B}_e$ 源于地球外部的各种电流体系，而 $\delta\boldsymbol{B}_i$ 则是这些电流体系在地球内部感应的电流体系产生的磁场，因此可将 $\delta\boldsymbol{B}_i$ 称为 $\delta\boldsymbol{B}_e$ 的感应磁场。地球高空电流体系的不同变化产生了 $\delta\boldsymbol{B}_T$ 的不同变化成分。

根据出现规律的不同，变化磁场 $\delta\boldsymbol{B}_T$ 又可分为平静变化 $\delta\boldsymbol{B}_q$ 和扰动变化 $\delta\boldsymbol{B}_d$，即

$$\delta\boldsymbol{B}_T = \delta\boldsymbol{B}_q + \delta\boldsymbol{B}_d \tag{6.57}$$

$\delta\boldsymbol{B}_q$ 一般包括太阳静日变化(S_q)和太阴(月球)变化(L)。$\delta\boldsymbol{B}_d$ 包括的变化类型较多，有粒子流扰动场(DCF)、环电流扰动场(DR)、地磁亚暴(DP)、太阳日变化(SD)、极盖区磁扰(DPC)、磁脉动变化(P)和钩扰(C_r)等。

6.2.2　地磁场空间分布的表示方法

在地球的每一处均可以测量到地磁场的存在，但每一处地磁场的大小和方向又都不相同。表示地磁场空间分布的方法常有表格、图形和函数三种。其中数据表格是地磁场基本资料的明细表达形式，通常包括原始测量数据和通化值两部分内容；在原始数据中应包括测量时间、地点(一般是经度、纬度和高程)以及地磁要素的实测值；此外，还应包括必要的说明和注释。以下主要介绍常见的地磁图和函数模型两种地磁场空间分布的表示方法。

1. 地磁图

为了清楚地表示出地磁场在地球表面上的分布规律，往往将某点地磁场的某一要素之值标在地图上的相应位置，并且以一定的间隔把数值相等的点连成线，即等值线，这样便组成了某要素的等值线图，常简称为地磁图。例如，把磁偏角数值相等的点连接起来的曲线图就是等偏线图，另外，还有等倾线图、水平强度等值线图、垂直强度等值线图和总强度等值线图等。地磁图是把某个区域地磁场分布特征展现出来的最直接和常用的方法。

如前所述，地磁各要素都是随时间变化的，如果各点的数值不是同一时刻的，则这样绘制出的地磁图是无意义的。因此，必须把不同时间测出的地磁数据归算到某一特定的时刻，并把这种地磁图称为这一年代的地磁图，这种归算过程称为通化。比如，把 1980 年前后测量得到的地磁数据归算到 1980 年 1 月 1 日 0 点 0 分，作为 1980 年的地磁图。图 6.6 和图 6.7 分别为 IGRF2010 世界地磁场总磁场强度等值线图和 WMM2010 世界地磁场总磁场强度等值线图。

2. 地磁场的函数模型

地磁场的函数模型根据所描述的区域大小分为区域模型和全球模型。常用的区域模型有多项式、矩谐分析方法、球谐函数等，其中多项式模型是应用最早、现在仍被广泛应用的分析方法。全球模型则主要是以球谐函数表示的地磁场模型，由于采用了更多高精度的实测数据，这种球谐函数表示的地磁场模型具有精度高且计算时间更长的特点，对于相关的科学研究和工程应用具有不可替代的作用。以下介绍导航定位中常见的地磁场球谐函数模型。

如前所述，地磁场主要源于地球内部，但也有一部分源于地球外部，这里我们限于讨论源于地球内部的磁场在地球外部的球谐函数级数展开式。在近地空间的无源区，将空气当成绝缘体，则其中没有磁化电流，此时的磁感应强度是调和场。与地球引力场类似，起源于地球内部的主磁场磁感应强度可以表示为标量磁位函数 V 的负梯度。将其解写成球谐函数形式

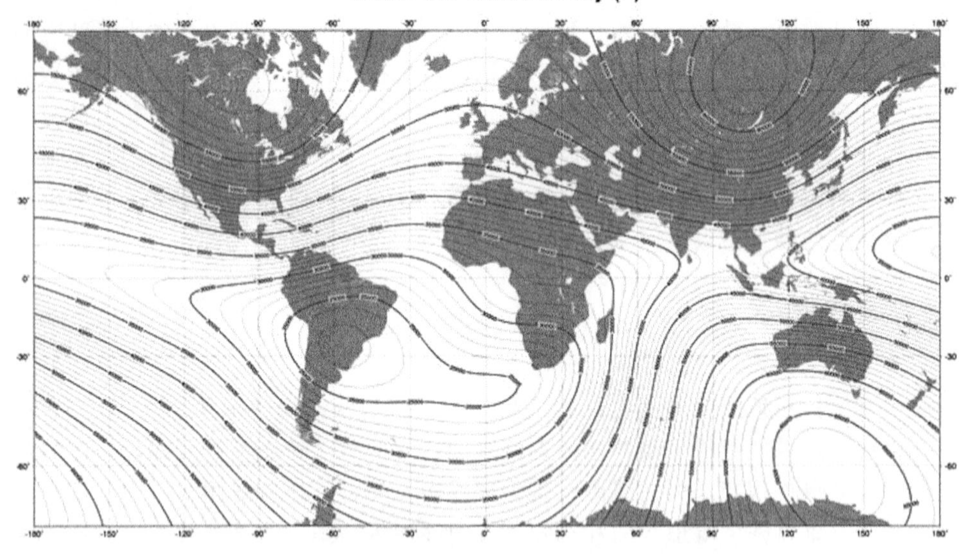

图 6.6 IGRF2010 世界地磁场总磁场强度等值线图

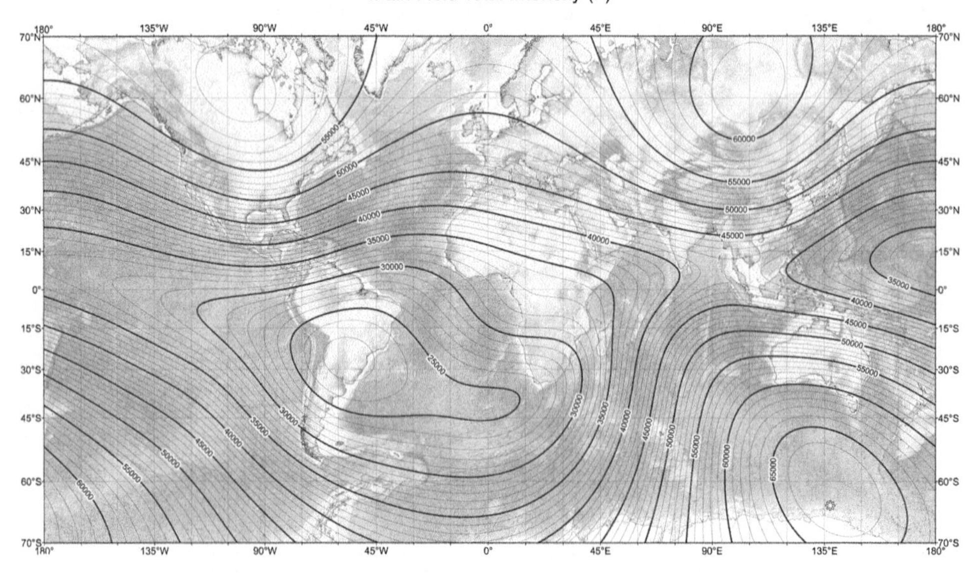

图 6.7 WMM2010 世界地磁场总磁场强度等值线图

$$V(r,\theta,\lambda)=a\sum_{n=1}^{N}\sum_{m=0}^{n}\left(\frac{a}{r}\right)^{n+1}(g_n^m\cos m\lambda+h_n^m\sin m\lambda)\mathrm{P}_n^m(\cos\theta) \tag{6.58}$$

其中，r，θ，λ 表示计算点的空间位置；r 为距参考球球心的径向距离；$a=6371.2\mathrm{km}$ 是地磁参考半径，采用的是地球平均半径；λ 为从格林尼治起算的东经度；θ 为地心余纬度(90°减去纬度)；g_n^m 和 h_n^m 为球谐系数，利用均匀分布于全球的足够多的测点值用最小二乘方法拟合求得；n 和 m 分别是球谐函数的阶数和次数。$\mathrm{P}_n^m(\cos\theta)$在此为归一化的伴随勒让德多项式。

由式(6.58)可以得到某点地磁要素 X、Y、Z 的表达式为

$$\begin{cases}X=\dfrac{1}{r}\dfrac{\delta V}{\delta\theta}=\displaystyle\sum_{n=1}^{N}\sum_{m=0}^{n}\left(\frac{a}{r}\right)^{n+2}(g_n^m\cos m\lambda+h_n^m\sin m\lambda)\frac{\mathrm{d}}{\mathrm{d}\theta}\mathrm{P}_n^m(\cos\theta)\\ Y=\dfrac{1}{r\sin\theta}\dfrac{\delta V}{\delta\lambda}=\displaystyle\sum_{n=1}^{N}\sum_{m=0}^{n}\left(\frac{a}{r}\right)^{n+2}\frac{m}{\sin\theta}(g_n^m\sin m\lambda-h_n^m\cos m\lambda)\mathrm{P}_n^m(\cos\theta)\\ Z=\dfrac{\delta V}{\delta r}=-\displaystyle\sum_{n=1}^{N}\sum_{m=0}^{n}(n+1)\left(\frac{a}{r}\right)^{n+2}(g_n^m\cos m\lambda+h_n^m\sin m\lambda)\mathrm{P}_n^m(\cos\theta)\end{cases} \tag{6.59}$$

其中

$$\frac{\mathrm{d}}{\mathrm{d}\theta}[\mathrm{P}_n^m(\cos\theta)]=-\frac{1}{\sin\theta}[(n+m)\mathrm{P}_{n-1}^m(\cos\theta)-n\cos\theta\mathrm{P}_n^m(\cos\theta)] \tag{6.60}$$

可以看出，当球谐系数 g_n^m 和 h_n^m 已知时，利用上述公式可以计算地球表面或在它的外部($r>a$)任意一点的地磁要素之值。

当在地球表面测出了地磁要素 X、Y、Z 或其他独立的 3 个要素并转换为数据 X、Y、Z 后，连同所在点的位置(经度 λ 和余纬度 θ)代入式(6.59)中，则式中只有 g_n^m 和 h_n^m 为未知数。因为上述方程是以无穷级数形式表示的，所以在实际计算时必须取有限项数。如果级数展开到 n 阶项，那么球谐系数 g_n^m 和 h_n^m 的总个数为 $N=n(n+2)$。在求解这 N 个球谐系数时，若是对地磁场某一要素进行测量，则需要 N 个以上的观测数据；若是在某一点对 3 个独立要素进行测量，则需要 $N/3$ 个以上的测量点的观测数据。在实际计算中，为了提高计算精度，所选取的测量点个数一般远大于要求的点数，并且采用最小二乘法求解出这些系数值。在求出球谐系数 g_n^m 和 h_n^m 后，由式(6.59)和这些系数便构成了所谓的地磁模型，利用它们可计算地面不同点上的地磁要素。

世界上不同国家或组织通过利用长期的地面、海洋、高空和卫星地磁测量数据，综合分析形成了各自的球谐系数 g_n^m 和 h_n^m(包括系数的变化率)，提出了各自的地磁场模型。以下介绍两种地磁导航中常用的地磁模型：国际地磁参考场模型和世界地磁模型。

国际地磁参考场模型(International Geomagnetic Reference Field，IGRF)是一个国际上通用的全球地磁标准模型，是用来描述地球主磁场及其长期变化的系列模型，其数学表示就是上述地心坐标系下标量位球谐级数。它由国际地磁学与高空物理联合会(International Association of Geomagnetism & Aeronomy，IAGA)的第八工作小组提出，代表特定时期的地球主磁场，每五年更新一次。值得注意的是，当引用这些模型时，需要具体指出是哪一代 IGRF 模型，以免发生混淆。例如，必须具体指出是 IGRF2000 模型或者 IGRF1990 模型，而不能简单地用 IGRF 表示。在 IGRF 模型出现以前，有一些曾经广泛用于理论研究和实际应用的主磁场模型，它们是重要的参考地磁场模型。IGRF 模型也是 IAGA 工作组在各国提供的候选模型基础上，经过归纳比较而得到的一种综合模型。为了保证 IGRF 模型的精度，IAGA 决定从 2000 年开始，将 IGRF 主磁场模型的阶数由 10 阶(精度为 1nT)扩展到 13 阶(精度为 0.1nT)。在 IGRF 模型出现并成为主要的标准磁场模型之后，其他地磁模型还在不断地被提出。美国、英国、俄罗斯等在为 IGRF 提供候选模型的同时，又根据自己的研究和应用需求发展出其他磁场模型。

世界地磁模型(World Magnetic Model，WMM)是美国和英国联合建立的世界磁场模型(Joint US/UK World Magnetic Model)，也是一个描述地球主磁场和长期变化的全球模型，同时还是为 IGRF 提供的候选模型之一。第一代 WMM 从 1990 年开始，也是每五年更新一次。世界地磁模型报告每五年由美国和英国联合发布，对旧模型系数和其他指标等相关要素进行更新和说明，目前的 WMM2010 是其系列最新的模型，模型阶数为 12 阶。除 IGRF 模型外，WMM 成为美国、英国、北大西洋公约组织通用的标准磁场模型。世界地磁模型由于基本满足了人们所需的各项标准与要求，在舰船、飞机和潜艇等诸多导航领域得到广泛应用。为了进一步适应导航的需求，美国和英国还以 WMM 为基础，发展出截断水平高达 720 的精细地壳磁场模型——NGDC720 模型。

有关国际地磁参考场模型(IGRF)和世界地磁模型(WMM)的系数 g_n^m 和 h_n^m (包括系数的变化率 $\dot{g}_n^m$ 和 $\dot{h}_n^m$)可在网址(http://www.ngdc.noaa.gov)中找到，同时还有对应的地磁图(总磁场强度图及分量图)。

在计算地球基本磁场时，若参考年代 t_0 确定，则其他年代的球谐系数可按照线性模型计算，例如：

$$g_n^m(t)=g_n^m(t_0)+\dot{g}_n^m\cdot(t-t_0) \tag{6.61}$$

表 6.2 给出了源自上述网站的国际地磁参考场模型 IGRF2011 的系数和世界地磁模型 WMM2010 的系数，可以看出，它们的差别不大。图 6.6 和图 6.7 分别为国际地磁参考场模型(IGRF)和世界地磁模型(WMM)的总磁场强度等值线图全球分布情况。

表 6.2　IGRF2011 系数与 WMM2010 系数

		IGRF2011				WMM2010			
n	m	g_n^m	h_n^m	$\dot{g}_n^m$	$\dot{h}_n^m$	g_n^m	h_n^m	$\dot{g}_n^m$	$\dot{h}_n^m$
1	0	−29496.5		11.4	0	−29496.6	0	11.6	0
	1	−1585.9	4945.1	16.7	−28.8	−1586.3	4944.4	16.5	−25.9
2	0	−2396.6		−11.3		−2396.6	0	−12.1	0
	1	3026.0	−2707.7	−3.9	−23.0	3026.1	−2707.7	−4.4	−22.5
	2	1668.6	−575.4	2.7	−12.9	1668.6	−576.1	1.9	−11.8
3	0	1339.7		1.3		1340.1	0	0.4	0
	1	−2326.3	−160.5	−3.9	8.6	−2326.2	−160.2	−4.1	7.3
	2	1231.7	251.7	−2.9	−2.9	1231.9	251.9	−2.9	−3.9
	3	634.2	−536.8	−8.1	−2.1	634	−536.6	−7.7	−2.6
4	0	912.6		−1.4		912.6	0	−1.8	0
	1	809.0	286.4	2.0	0.4	808.9	286.4	2.3	1.1
	2	166.6	−211.2	−8.9	3.2	166.7	−211.2	−8.7	2.7
	3	−357.1	164.4	4.4	3.6	−357.1	164.3	4.6	3.9
	4	89.7	−309.2	−2.3	−0.8	89.4	−309.1	−2.1	−0.8
5	0	−231.1		−0.5		−230.9	0	−1	0
	1	357.2	44.7	0.5	0.5	357.2	44.6	0.6	0.4
	2	200.3	188.9	−1.5	1.5	200.3	188.9	−1.8	1.8
	3	−141.2	−118.1	−0.7	0.9	−141.1	−118.2	−1	1.2
	4	−163.1	0.1	1.3	3.7	−163	0	0.9	4
	5	−7.7	100.9	1.4	−0.6	−7.8	100.9	1	−0.6
6	0	72.8		−0.3		72.8	0	−0.2	0
	1	68.6	−20.8	−0.3	−0.1	68.6	−20.8	−0.2	−0.2
	2	76.0	44.2	−0.3	−2.1	76	44.1	−0.1	−2.1
	3	−141.4	61.5	1.9	−0.4	−141.4	61.5	2	−0.4
	4	−22.9	−66.3	−1.6	−0.5	−22.8	−66.3	−1.7	−0.6
	5	13.1	3.1	−0.2	0.8	13.2	3.1	−0.3	0.5
	6	−77.9	54.9	1.8	0.5	−77.9	55	1.7	0.9
7	0	80.4		0.2	0	80.5	0	0.1	0
	1	−75.0	−57.8	−0.1	0.6	−75.1	−57.9	−0.1	0.7
	2	−4.7	−21.2	−0.6	0.3	−4.7	−21.1	−0.6	0.3
	3	45.3	6.6	1.4	−0.2	45.3	6.5	1.3	−0.1
	4	14.0	24.9	0.3	−0.1	13.9	24.9	0.4	−0.1
	5	10.4	7.0	0.1	−0.8	10.4	7	0.3	−0.8
	6	1.6	−27.7	−0.8	−0.3	1.7	−27.7	−0.7	−0.3
	7	4.9	−3.4	0.4	0.2	4.9	−3.3	0.6	0.3

续表

		IGRF2011				WMM2010			
n	m	g_n^m	h_n^m	$\dot{g}_n^m$	$\dot{h}_n^m$	g_n^m	h_n^m	$\dot{g}_n^m$	$\dot{h}_n^m$
8	0	24.3		−0.1		24.4	0	−0.1	0
	1	8.2	10.9	0.1	0.0	8.1	11	0.1	−0.1
	2	−14.5	−20.0	−0.5	0.2	−14.5	−20	−0.6	0.2
	3	−5.7	11.9	0.3	0.5	−5.6	11.9	0.2	0.4
	4	−19.3	−17.4	−0.3	0.4	−19.3	−17.4	−0.2	0.4
	5	11.6	16.7	0.3	0.1	11.5	16.7	0.3	0.1
	6	10.9	7.1	0.2	−0.1	10.9	7	0.3	−0.1
	7	−14.1	−10.8	−0.5	0.4	−14.1	−10.8	−0.6	0.4
	8	−3.7	1.7	0.2	0.4	−3.7	1.7	0.2	0.3
9	0	5.4		0.0		5.4	0	0	0
	1	9.4	−20.5	0.0	0.0	9.4	−20.5	−0.1	0
	2	3.4	11.6	0.0	0.0	3.4	11.5	0	−0.2
	3	−5.3	12.8	0.0	0.0	−5.2	12.8	0.3	0
	4	3.1	−7.2	0.0	0.0	3.1	−7.2	−0.4	−0.1
	5	−12.4	−7.4	0.0	0.0	−12.4	−7.4	−0.3	0.1
	6	−0.8	8.0	0.0	0.0	−0.7	8	0.1	0
	7	8.4	2.2	0.0	0.0	8.4	2.1	−0.1	−0.2
	8	−8.4	−6.1	0.0	0.0	−8.5	−6.1	−0.4	0.3
	9	−10.1	7.0	0.0	0.0	−10.1	7	−0.2	0.2
10	0	−2.0		0.0		−2	0	0	0
	1	−6.3	2.8	0.0	0.0	−6.3	2.8	0	0.1
	2	0.9	−0.1	0.0	0.0	0.9	−0.1	−0.1	−0.1
	3	−1.1	4.7	0.0	0.0	−1.1	4.7	0.2	0
	4	−0.2	4.4	0.0	0.0	−0.2	4.4	0	−0.1
	5	2.5	−7.2	0.0	0.0	2.5	−7.2	−0.1	−0.1
	6	−0.3	−1.0	0.0	0.0	−0.3	−1	−0.2	0
	7	2.2	−4.0	0.0	0.0	2.2	−3.9	0	−0.1
	8	3.1	−2.0	0.0	0.0	3.1	−2	−0.1	−0.2
	9	−1.0	−2.0	0.0	0.0	−1	−2	−0.2	0
	10	−2.8	−8.3	0.0	0.0	−2.8	−8.3	−0.2	−0.1

续表

n	m	IGRF2011				WMM2010			
		g_n^m	h_n^m	$\dot{g}_n^m$	$\dot{h}_n^m$	g_n^m	h_n^m	$\dot{g}_n^m$	$\dot{h}_n^m$
11	0	3.0		0.0		3	0	0	0
	1	-1.5	0.1	0.0	0.0	-1.5	0.2	0	0
	2	-2.1	1.7	0.0	0.0	-2.1	1.7	0	0.1
	3	1.6	-0.6	0.0	0.0	1.7	-0.6	0.1	0
	4	-0.5	-1.8	0.0	0.0	-0.5	-1.8	0	0.1
	5	0.5	0.9	0.0	0.0	0.5	0.9	0	0
	6	-0.8	-0.4	0.0	0.0	-0.8	-0.4	0	0.1
	7	0.4	-2.5	0.0	0.0	0.4	-2.5	0	0
	8	1.8	-1.3	0.0	0.0	1.8	-1.3	0	-0.1
	9	0.2	-2.1	0.0	0.0	0.1	-2.1	0	-0.1
	10	0.8	-1.9	0.0	0.0	0.7	-1.9	-0.1	0
	11	3.8	-1.8	0.0	0.0	3.8	-1.8	0	-0.1
12	0	-2.1	0.0	0.0	0.0	-2.2	0	0	0
	1	-0.2		0.0		-0.2	-0.9	0	0
	2	0.3	0.3	0.0	0.0	0.3	0.3	0.1	0
	3	1.0	2.2	0.0	0.0	1	2.1	0.1	0
	4	-0.7	-2.5	0.0	0.0	-0.6	-2.5	-0.1	0
	5	0.9	0.5	0.0	0.0	0.9	0.5	0	0
	6	-0.1	0.6	0.0	0.0	-0.1	0.6	0	0.1
	7	0.5	0.0	0.0	0.0	0.5	0	0	0
	8	-0.4	0.1	0.0	0.0	-0.4	0.1	0	0
	9	-0.4	0.3	0.0	0.0	-0.4	0.3	0	0
	10	0.2	-0.9	0.0	0.0	0.2	-0.9	0	0
	11	-0.8	-0.2	0.0	0.0	-0.8	-0.2	-0.1	0
	12	0.0	0.8	0.0	0.0	0	0.9	0.1	0
13	0	-0.2		0.0					
	1	-0.9	-0.8	0.0	0.0				
	2	0.3	0.3	0.0	0.0				

续表

		IGRF2011				WMM2010			
n	m	g_n^m	h_n^m	$\dot{g}_n^m$	$\dot{h}_n^m$	g_n^m	h_n^m	$\dot{g}_n^m$	$\dot{h}_n^m$
	3	0.4	1.7	0.0	0.0				
	4	−0.4	−0.6	0.0	0.0				
	5	1.1	−1.2	0.0	0.0				
	6	−0.3	−0.1	0.0	0.0				
	7	0.8	0.5	0.0	0.0				
	8	−0.2	0.1	0.0	0.0				
	9	0.4	0.5	0.0	0.0				
	10	0.0	0.4	0.0	0.0				
	11	0.4	−0.2	0.0	0.0				
	12	−0.3	−0.5	0.0	0.0				
	13	−0.3	−0.8	0.0	0.0				

第7章 地图投影的基本概念

导航定位系统输出的定位结果经常需要与地图进行配合，完成用户的导航任务。而一般地面导航用图都是以平面为基础的纸质地图或电子地图，因此，导航定位结果与地图的结合涉及地图投影问题。

地球可以看成是一个旋转椭球体，其表面是无法展开成平面的。所谓地图投影(也称为地图数学投影)，简单地说就是建立地球面(实际是旋转椭球面)与地图平面之间的点与点、线与线的一一对应关系，按照一定的数学规则，实现椭球面上的元素(如坐标、方位和距离等)到平面的转换。这里所说的对应关系可用下面两个关系式表示

$$\begin{cases} x = F_1(L,\ B) \\ y = F_2(L,\ B) \end{cases} \tag{7.1}$$

式中，L、B 是椭球面上某一点的大地坐标；x、y 是该点投影到平面后的平面直角坐标。这里所说的平面通常称为投影面，它可以是平面或者是可以展成为平面的曲面，如椭圆(或圆)柱面、圆锥面等。

式(7.1)表达了椭球面上一点与投影面上相应点坐标之间的解析关系，也称为坐标投影方程。F_1 和 F_2 称为投影函数，它们是由上面所说的对应关系或数学规则所决定的。F_1 和 F_2 的形式一旦确定，即可由大地坐标求得平面直角坐标，从而实现椭球面上的元素到平面元素的投影。

7.1 地图投影的变形与地图投影的分类

椭球面和球面都是不可展曲面，不能直接展成平面。椭球面与平面之间的差异使得投影得到的平面元素必然产生变形。投影变形包括长度变形、角度变形和面积变形。在选择投影函数时，可以对这些变形进行适当控制，例如，可使某种变形为零，其他变形保留；或者使某种变形小一点而其他变形大一点；还可以使各种变形都存在，但它们均在适当的限度以内。但是，无论选择何种投影函数，都不能使各种变形同时消失。也就是说，无论采用什么样的投影方法，变形总是不可避免的。

7.1.1 地图投影变形

1. 长度比与长度变形

长度比 μ 是椭球面上微分线段经投影后的长度 $\mathrm{d}s'$ 与其原有长度 $\mathrm{d}s$ 的比值，即

$$\mu = \frac{\mathrm{d}s'}{\mathrm{d}s} \tag{7.2}$$

长度比 μ 与 1 之差称为长度变形，用 V_μ 表示，即

$$V_\mu = \mu - 1 \tag{7.3}$$

长度比或长度变形是一个变量，它因点位的不同和方向的不同而变化。当长度比 μ 为 1 时，称为投影的等距离条件。

2. 面积比和面积变形

面积比 P 是椭球面上微分面积经投影后的大小 $\mathrm{d}F'$ 与其原有面积 $\mathrm{d}F$ 的比值，即

$$P = \frac{\mathrm{d}F'}{\mathrm{d}F} \tag{7.4}$$

面积比 P 与 1 之差称为面积变形，用 V_P 表示，即

$$V_P = P - 1 \tag{7.5}$$

面积比或面积变形也是一个变量，它随点位的变化而变化。当面积比 P 为 1 时，称为投影的等面积条件。

3. 角度变形

角度变形是指椭球面上任意两方向线的夹角投影后的角度 β' 与其原有的角度 β 之差，即 $\beta'-\beta$。当该差值为零时，称为投影的等角条件。

过椭球面上任一点可以作无数条方向线构成任意角，它们各自投影前后的角度一般都不相等，在研究该点的角度变形时，不可能也没有必要一一求出每一个角度的变形值，而通常只研究其最大的角度变形。一点上的最大角度变形常用 ω 表示。

4. 变形椭圆

为了分析地图投影中变形的性质和大小，可以用变形椭圆来直观地描述。

可以证明，椭球面上半径为单位长度的微分圆投影后一般成为一个长半径轴为 a、短半轴为 b 的微分椭圆，称为变形椭圆。

对地图投影中的变形可以进行解析分析，分析的结论与用变形椭圆来直观地描述是等价的，两者之间存在一定的对应关系。

（1）变形椭圆各方向的半径长度表示长度比。如图 7.1 所示，有的方向半径大于单位长度，表示该方向有正向变形；有的方向半径小于单位长度，表示该方向有负向变形；半径等于单位长度的方向，表示该方向无变形。沿变形椭圆的长、短半轴方向有极值长度比，即

$$\begin{cases}\mu_{\max}=a \\ \mu_{\min}=b\end{cases} \tag{7.6}$$

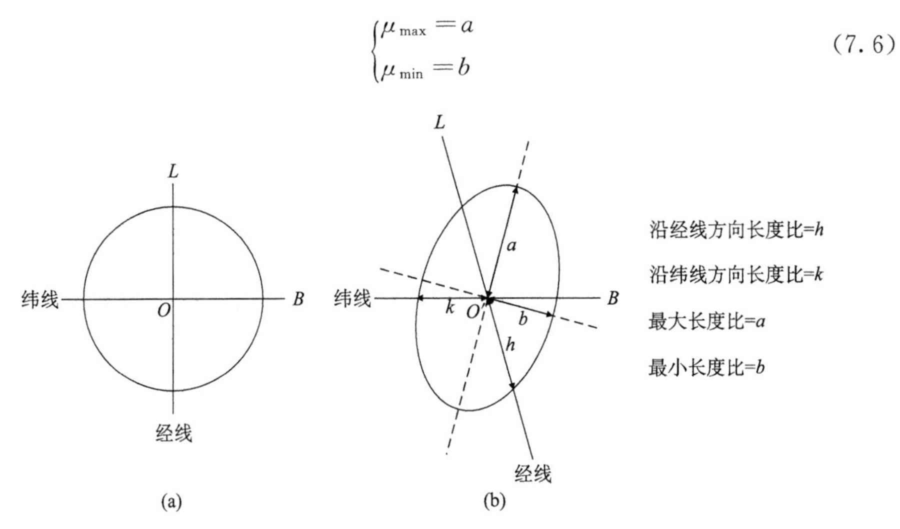

图 7.1　长度变形示意图

（2）若变形椭圆的面积大于单位圆面积，则说明投影后面积增大；若变形椭圆的面积小于单位圆面积，则说明投影后面积减小；若变形椭圆的面积等于单位圆面积，则该点上无面积变形。图 7.2 给出了面积比 P 与变形椭圆极值长度比的关系，即

$$P=\frac{\pi ab}{\pi r^{2}}=ab \quad (r=1) \tag{7.7}$$

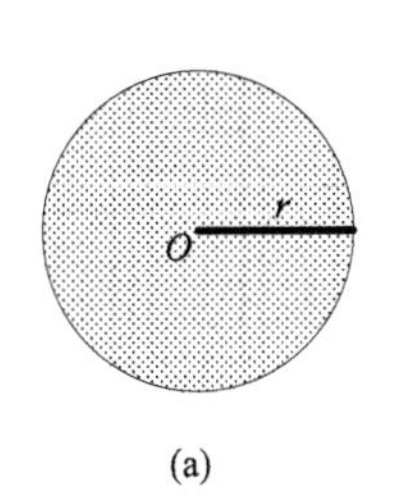

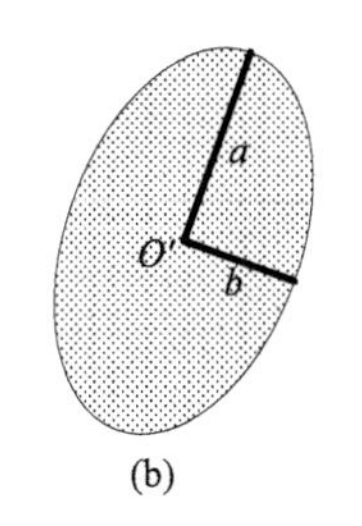

如果，$\pi r^2=\pi ab$
该投影具有等面积性质，
面积比等于1

图 7.2　面积变形示意图

（3）角度变形可以通过变形椭圆的扁平程度来反映，如图 7.3 所示。变形椭

圆的长半轴与短半轴的比值越大，角度变形也越大；比值越接近 1，角度变形越小；长、短半轴相等，投影后无角度变形。最大角度变形与变形椭圆的长、短半轴的关系为

$$\sin\frac{\omega}{2}=\frac{a-b}{a+b} \tag{7.8}$$

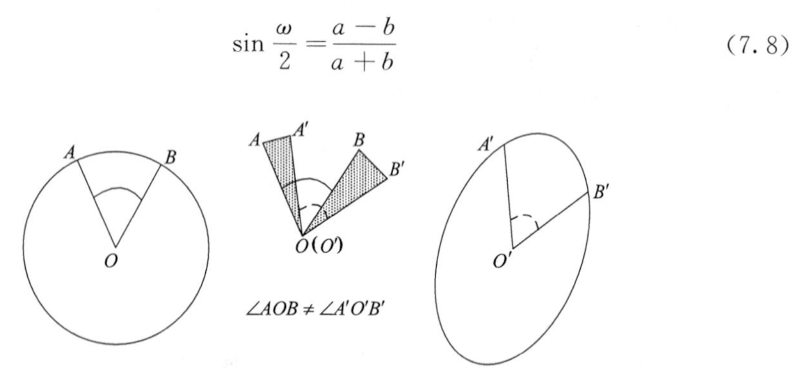

图 7.3　角度变形示意图

7.1.2　地图投影的分类

地图投影的分类方法很多，若按照投影面来分，则有平面、圆锥面、圆柱面和椭圆柱面投影等；若按照投影面的轴向来分，则有正轴、横轴、斜轴投影等；若按照变形的性质来分，则有等角、等面积、任意投影等；还有根据创始人的姓名命名的，如高斯、墨卡托、兰勃特投影等。下面主要介绍按照变形的性质来分类的几种投影。

1. 等角投影

这类投影保持投影前后角度不发生变形。注意到一个角是指两方向间的夹角，它是由两方向的方向值相减得到的，所以角度变形在数值上等于其相对应的两方向变形之差。由变形椭圆可以推导出角度变形的计算公式，即

$$\Delta u=\arcsin\left[\frac{a-b}{a+b}\sin(\alpha_2-\alpha'_2)\right]-\arcsin\left[\frac{a-b}{a+b}\sin(\alpha_1-\alpha'_1)\right] \tag{7.9}$$

其中，α_1 和 α_2 为构成椭球面上角的两个方向；α'_1和 α'_2为投影后投影面上角的两个方向。

为了保持投影前后角度不发生变形，由式(7.9)可知，必须使 $a-b=0$，即

$$a=b \tag{7.10}$$

式(7.10)表明，在等角投影中，主方向的长度比相等，即椭球面上某点的长度比是常数，它不随方向发生变化。这是等角投影的特性。

式(7.10)也是等角投影条件。此时，椭球面上一个微分圆投影后仍为微分圆，投影前后保持微小图形相似，所以等角投影也常称为正形投影。

另外，我们知道椭球面上的经纬线是处处正交的，等角投影时，经纬线的投影曲线仍然保持正交，因 $a=b$，所以又有

$$\mu_L=\mu_B \tag{7.11}$$

式(7.11)表明，等角投影在一点任何方向上的长度比都相等。但应该注意的是，不同地点的长度比是不相同的。因此从大范围来讲，投影后的图形与实地并不完全相似。

2. 面积投影

等面积投影就是保持投影前后面积不发生变形。由式(7.7)可知，等积投影必须使

$$a\cdot b=1 \tag{7.12}$$

这也是等积投影的条件。

由式(7.12)可得，$a=1/b$ 或 $b=1/a$，即变形椭圆的最大长度比与最小长度比互为倒数，这说明在这种投影的不同位置，若变形椭圆的长轴变长，则短轴变短，形状变形较大。

3. 任意投影

任意投影既不等角也不等面积，即

$$a\neq b,\quad a\cdot b\neq 1$$

这是一类很广泛的投影。如果在投影中保持某一主方向的长度比等于1，即 $a=1$ 或 $b=1$，则称为等距离投影。在任意投影中，可以得到角度变形不大的投影，其角度变形情况介于等角投影和等距投影之间；还可以得到面积变形不大的投影，其面积变形情况介于等积投影和等距投影之间。实际上，在等角投影和等积投影之间存在着许多变形大小逐步过渡的任意投影。

地图投影变形包括长度、角度及面积三个方面。无论采用哪种投影方法，总会产生三种变形中的一种或几种。等面积投影虽然保持面积不变，但角度变形较大，同时长度也有变形。等面积投影多用于行政区划图、经济图等。等角投影保持角度不变，同时也保持小范围图形相似，但长度有变形，面积变形也较大。等角投影便于地形图的测制和应用，对于军事上、工程上的定位和定向也很有实用价值，因此该投影多用于国家基本地形图以及航海图、航空图等。任意投影的各种变形都有，但均较小，该投影适用于一般要求不太严格的地图。

地图投影必然产生投影形变，对于各种投影的变形，可根据具体需要进行控制。在具体选择投影方法的应用过程中，可以使某种变形为零，也可以使全部变形都存在，但减小到某一适当的程度。但要想使变形都同时消失，显然是不可能的。

7.2 常用地图投影的基本概念

7.2.1 墨卡托投影

墨卡托是16世纪的地图制图大师，它在1568年创立用圆柱投影法编制航海图，而且发表了自己描绘的航海图。

圆柱投影法，简单的画法就是在一个透明的地球模型的中心放一盏灯，用纸筒套住地球模型，像放映幻灯似的，灯光把球面上的图形和线条(经纬线)投影到纸面上，然后将影子画下来便获得了投影后的图形。

墨卡托投影也称为正轴等角切圆柱投影。投影后的经线和纬线成正交的直线，经线投影后成为等间距平行直线；纬线投影后平行、长度与赤道相等、间距从赤道向两极越来越大，如图7.4所示。

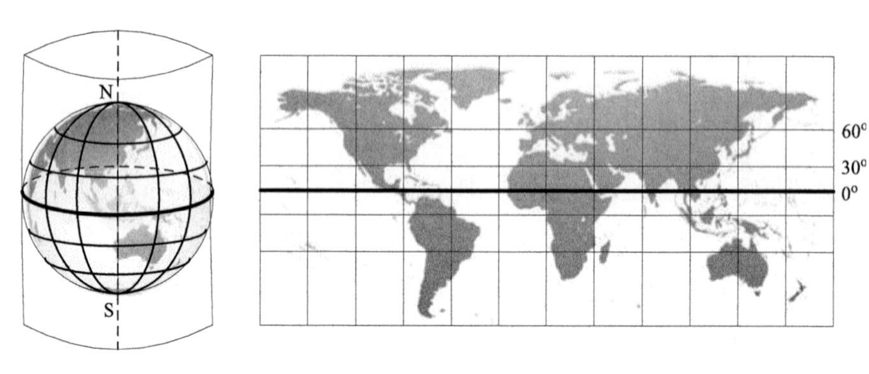

图7.4 墨卡托投影示意图

根据经线和纬线表象特征，不难看出，投影直角坐标 x、y 分别是 B 和 L 的函数，而且 y 坐标简单地与经差成正比。式(7.1)可以写为

$$\begin{cases} x = f(B) \\ y = \alpha\lambda \end{cases} \tag{7.13}$$

其中，α 为常数，对于圆柱面与地球相切(于赤道上)时，其等于赤道半径 a；λ 为投影点与中央经线的经度差。

如图7.5所示，墨卡托投影公式如下

$$
\begin{cases}
\ln U = \ln \dfrac{\tan\left(45^\circ + \dfrac{B}{2}\right)}{\tan^e\left(45^\circ + \dfrac{\psi}{2}\right)}, \quad \sin\psi = e\sin B \\
e = \sqrt{\dfrac{a^2 - b^2}{a^2}} \\
x = \dfrac{a}{\mathrm{Mod}}\lg U \\
y = a\lambda
\end{cases}
\tag{7.14}
$$

其中，Mod=0.4342945。

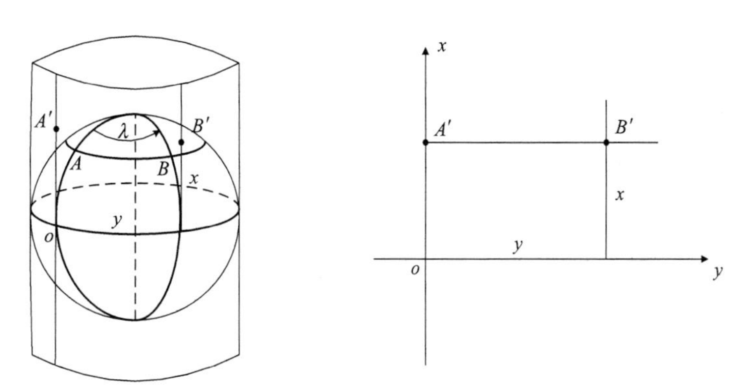

图 7.5　墨卡托投影公式示意图

采用墨卡托投影，除赤道长度无变形外，其他纬线东西间长度都比实际扩大，愈向两极扩大愈多。同样，形状、面积也随纬度的增加而变大。经计算，在南北 60°的纬线所表示的长度，换算后是实际长度的 2 倍，所表示的面积是实际的 4 倍；在 60°以上，变形急剧增大。由于面积变形增大，在墨卡托投影的地图上，格陵兰岛的面积看起来比南美洲还大，而实际上它仅是南美洲面积的约 1/8。因此，南北纬度 80°以上的地区一般不在墨卡托投影的地图上表示。

墨卡托投影保持了方向和相互位置关系的正确，投影后的任何一条直线穿过各经线的角度不变。在海上和空中航行时，按照墨卡托投影的地图两点间的直线航行，可以保持方向不变一直到达目的地。这条线叫做等角航线或恒向线，它对航海和航空具有重要意义。

但是，在实际地球面上，恒向线是一条螺旋线，它不是两点间的一条最短路线，因此，在远程航行时，完全按照这条等角航线航行是不经济的。地球面上两点间的最短距离是通过两点的大圆弧，因此，实际航线的确定往往先是在墨卡托投影的地图上绘出起点与终点间的大圆航线，然后把大圆弧航线分成若干段，把每段两点连成直线，这些直线就是分段的等角航线。这样，在每段航线上是沿等角航线航行，但从整体上看是接近大圆航线航行的。

墨卡托投影主要用于制作航海图、航空图和赤道附近东西狭长的地区地图。世界各国的海图普遍采用墨卡托投影，国际海道测量组织也规定将墨卡托投影载入国际海图的制图规范中。

7.2.2　高斯投影

高斯投影最早是由德国数学家高斯创立的，而更加详细地阐明高斯投影理论并给出实用公式的是德国测量学家克吕格，因此，高斯投影也称高斯-克吕格投影。

高斯投影是横轴等角切椭圆柱投影。如图 7.6 所示，从几何意义上来看，它是假想用一个椭圆柱套在地球椭球体的外面，使椭圆柱的中心轴通过椭球体中心，椭圆柱面与某一子午线(经线)相切(此子午线称为中央子午线或中央经线)，如图 7.6(a)所示；然后按照等角条件将中央子午线两侧一定经差范围内的椭球面元素投影到椭圆柱面上，将椭圆柱面展开成平面后形成高斯投影。投影的结果是相切的经线和赤道投影后成为互相垂直的直线，其他经线和纬线投影为对称于赤道和中央经线的曲线，如图 7.6(b)所示。

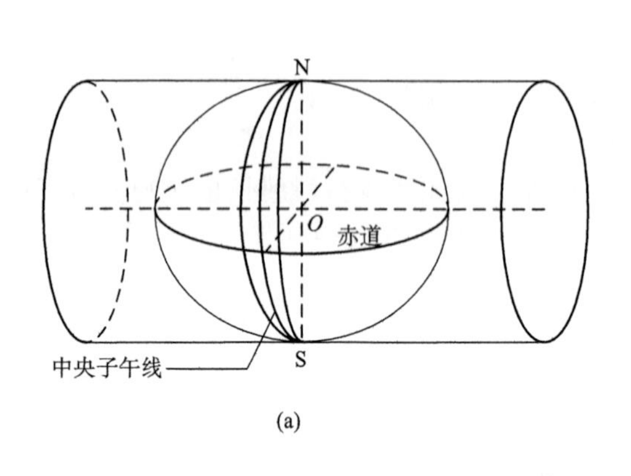

(a)

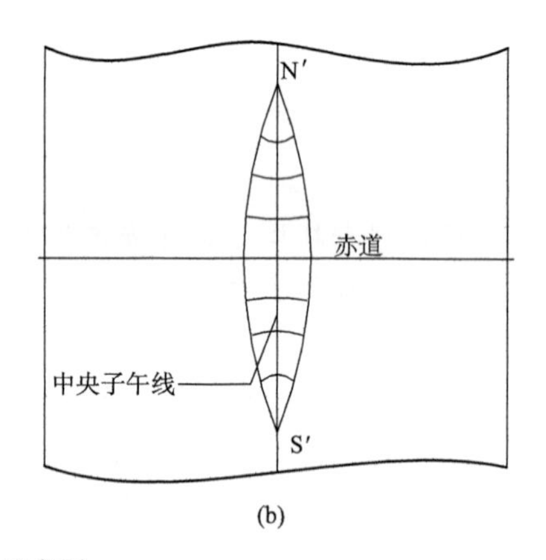

(b)

图 7.6　高斯投影示意图

高斯投影是根据以下三个条件通过数学方法建立的：

(1) 中央经线和赤道投影后为互相垂直的直线，且为投影的对称轴；

(2) 投影具有等角的性质；

(3) 中央经线投影后保持长度不变，即中央经线投影长度比为 1。

在展开的投影平面上，以中央子午线和赤道交点的投影为原点 o，中央子午线的投影为纵坐标轴并定义为 x 轴，赤道的投影为横坐标轴并定义为 y 轴，这样构成高斯平面直角坐标系，如图7.7所示。

高斯-克吕格投影公式如下

$$\begin{cases} x = X + \dfrac{\lambda^2 N}{2}\sin B\cos B \\ \quad + \dfrac{\lambda^4 N}{24}\sin B\cos^3 B(5 - t + 9\eta^2) \\ y = \lambda N\cos B + \dfrac{\lambda^3 N}{6}\cos^3 B(1 - t^2 + \eta^2) \\ \quad + \dfrac{\lambda^5 N}{120}\cos^5 B(5 - 18t^2 + t^4) \end{cases} \tag{7.15}$$

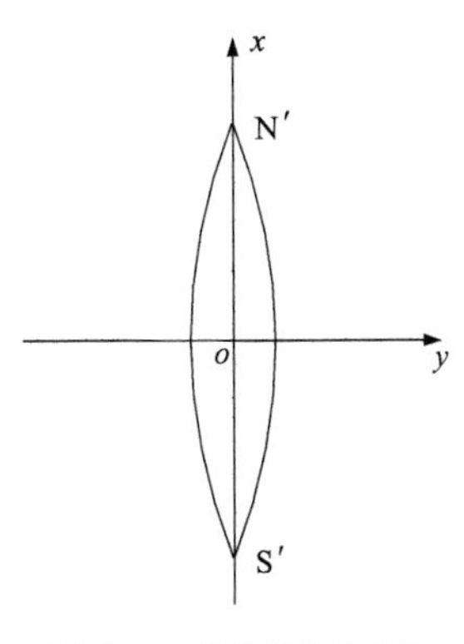

图7.7　高斯平面直角坐标系示意图

式中，B为投影点的纬度；λ为投影点与中央子午线的经度差(单位为弧度)，当投影点在中央子午线的东侧时，λ为正，当投影点在中央子午线的西侧时，λ为负；X为赤道至纬度B的子午线弧长；N为投影点的卯酉圈曲率半径；$t=\tan B$；$\eta^2=e'^2\cos^2 B$，e'为椭球体的第二偏心率。当投影点与中央子午线的经度差小于3.5°时，式(7.15)的换算经度为±0.1m。更高换算精度的公式可参考相关书籍。

高斯-克吕格投影中，除中央子午线没有长度变形外，其他位置上的任何线段，投影后均产生长度变形，而且离中央子午线越远，变形越大。为此，需要对变形加以限制，使其在地图的测制和使用时的影响甚小，以致可以忽略。限制长度变形的有效方法是“分带”投影。具体地说，就是将椭球面沿子午线划分成若干经度差相等的狭长地带，各带分别进行投影，然后得出不同的投影带，位于各带中央的子午线即为该投影带的中央子午线，用以分带的子午线称为分带子午线。

高斯-克吕格投影分带，通常按照经差6°或3°分为六度带和三度带。六度带自0°子午线开始，每隔经差6°自西向东分带，带号依次为第1带、2带、…、60带，如图7.8所示；三度带是在六度带基础上分成的，它的中央子午线与六度带的中央子午线和分带子午线重合，即自1.5°子午线起，每隔经差3°自西向东分带，带号依次为第1带、2带、…、120带。

高斯-克吕格投影主要用于分幅地形图，特别适合于南北方向大于东西方向区域的地图制作。该投影为许多国家所采用。

我国于1952年开始正式将高斯-克吕格投影作为地形图的基本投影。因为我国位于北半球，纵坐标值均为正值；横坐标以各投影带中央子午线为零起算，中央子午线以东为正、以西为负，负值实际使用不方便，故规定将纵坐标轴西移500km当成起始轴，即凡是带内的横坐标值均加500km，如图7.9所示。同时，为了避免不同投影带中的不同点具有相同的高斯坐标值，需要在横坐标值前面加上投影带号，西移并加带号的坐标称为通用坐标。表 7.1 为 IUGG-1975 椭球参数下的高斯投影算例。

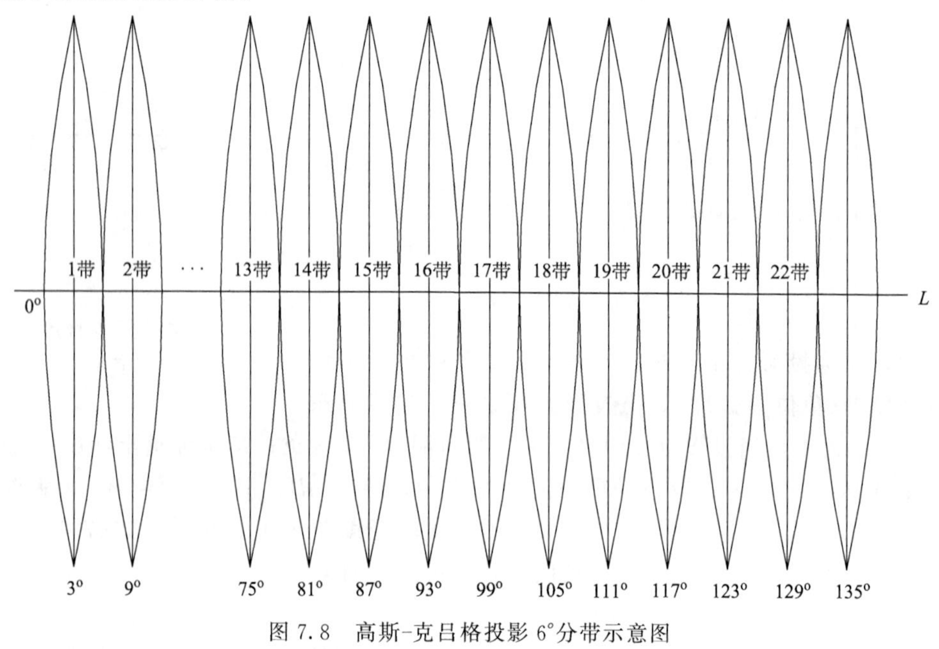

图 7.8　高斯-克吕格投影 6°分带示意图

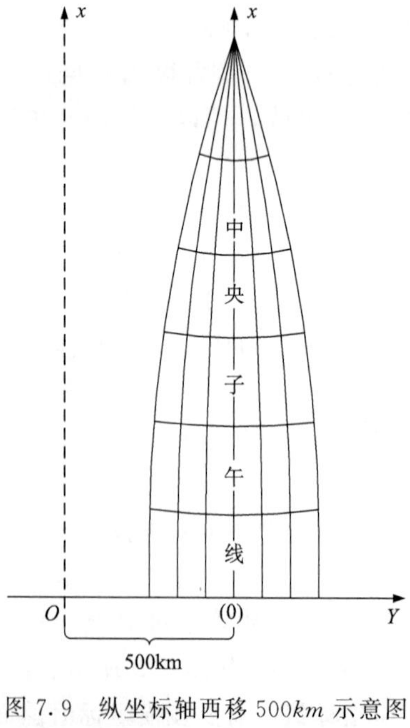

图 7.9　纵坐标轴西移 500km 示意图

表 7.1　6°带高斯投影算例

已知数据	解算结果/m
$B=40°58'32''.33$ $L=100°10'20''.11$	$x=4538532.847$
	$y=98665.021$
	$Y=17\ 598665.021$
$B=35°26'40''.38$ $L=115°08'51''.22$	$x=3925492.278$
	$y=-168195.835$
	$Y=20\ 331804.165$

英国、美国等国家也将高斯-克吕格投影称为横轴墨卡托投影。而世界许多国家和地区采用所谓的通用横轴墨卡托投影(Universal Transverse Mercator Projection)，简称 UTM 投影，是高斯-克吕格投影的一个变型，高斯-克吕格投影中央子午线长度比为 1，而 UTM 投影的中央子午线长度比为 0.9996，以改善整个投影的变形情况。

7.2.3　兰勃特投影

兰勃特(Lambert)投影也称为正形正圆锥投影(或等角正圆锥投影)。设想用一个圆锥套在地球椭球上，使圆锥轴与地球自转轴一致，且使圆锥面与地球椭球面的一条纬线相切，按照正形投影的一般条件和兰勃特投影的特殊条件，将椭球面上的经线和纬线投影到圆锥面。投影后的纬线成为同心圆，而投影后的经线成为从圆心发出的直线束。沿着圆锥的某一条母线(投影后的经线)将圆锥切开而展成平面，就得到兰勃特切圆锥投影(图 7.10(a))。如果圆锥面与椭球面相割(图 7.10(b))，则称为兰勃特割圆锥投影。

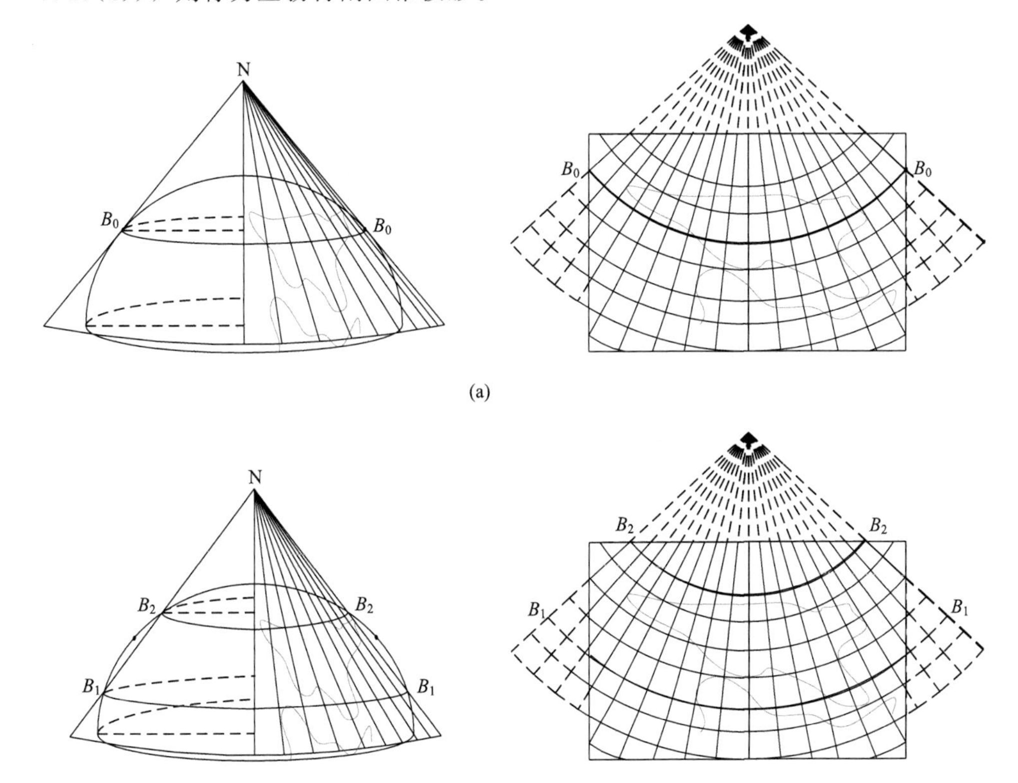

图 7.10　兰勃特投影示意图

在兰勃特投影中，纬线(平行圈)投影后为一组同心圆圆弧，经线投影后为相交于一点的直线束且夹角与经差成正比。

如图 7.11(a)所示，可以写出投影极坐标公式

$$\begin{cases}\rho = f(B) \\ \delta = \alpha \cdot l\end{cases} \tag{7.16}$$

式中，ρ 为纬线的投影半径；函数 f 取决于投影的性质，它随纬度的变化而变化；l 是地球椭球面上两条经线的夹角；δ 是两条经线的夹角在平面上的投影；α 是小于 1 的常数。

如图 7.11(b)所示，以中央经线 λ_0 为 x 轴，投影区域中最低纬线 B_s 与中央经线的交点作为圆点，则可写出投影的直角坐标公式

$$\begin{cases}x = \rho_s - \rho\cos\delta \\ y = \rho\sin\delta\end{cases} \tag{7.17}$$

其中，ρ_s 为区域最低纬线(B_s)的投影半径，它在一个已经确定的投影区域中是常数。

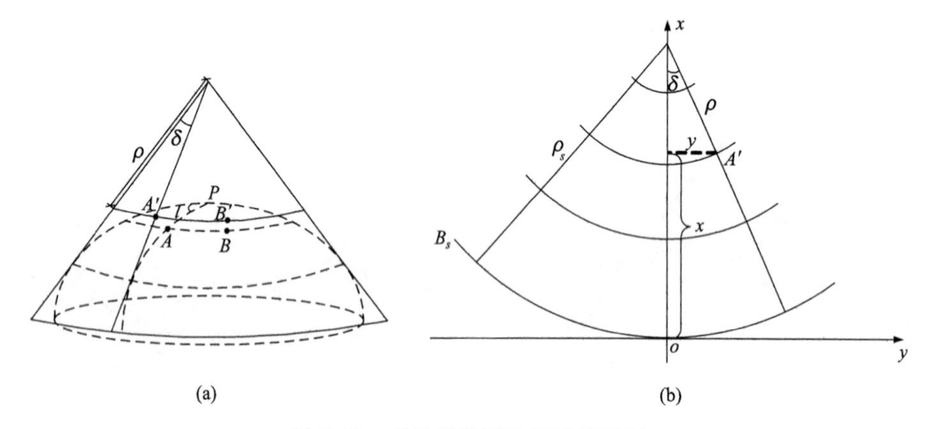

图 7.11　兰勃特投影坐标系示意图

经过推导可以得到兰勃特投影的一般公式如下：

$$\begin{cases}\delta = \alpha l \\ \rho = \dfrac{K}{U^\alpha}, \quad U = \dfrac{\tan\left(45^\circ + \dfrac{B}{2}\right)}{\tan\left(45^\circ + \dfrac{\psi}{2}\right)}, \quad \sin\psi = e\sin B \\ e = \sqrt{\dfrac{a^2 - b^2}{a^2}} \\ x = \rho_s - \rho\cos\delta \\ y = \rho\sin\delta\end{cases} \tag{7.18}$$

由于经线和纬线投影后相互正交，故经线和纬线方向为主方向，因此，经线和纬线长度比也就是极值长度比。相应的长度变形公式为

$$m=n=\frac{\alpha\rho}{r}=\frac{\alpha K}{rU^{\alpha}} \tag{7.19}$$

在投影区域中，若 B_0 为长度比最小的纬线的纬度，则

$$\alpha=\sin B_0 \tag{7.20}$$

(1) 对于指定投影区域中一条纬线 B_0，无长度变形(该纬线可以是兰勃特切圆锥投影中与圆锥相切的纬线)，即 $n_0=1$，有

$$n_0=\frac{\alpha K}{r_0U_0^{\alpha}}=1 \tag{7.21}$$

将式(7.20)代入可得

$$K=\frac{r_0U_0^{\alpha}}{\alpha}=\frac{N_0U_0^{\alpha}\cos B_0}{\sin B_0}=N_0U_0^{\alpha}\cot B_0 \tag{7.22}$$

其中，N_0 为纬线 B_0 上的卯酉圈曲率半径；r_0 为纬线 B_0 对应的平行圈半径。

(2) 对于指定投影区域中两条纬线 B_1、B_2，无长度变形(这两条纬线可以是兰勃特割圆锥投影中与圆锥割的纬线)，即 $n_1=n_1=1$，有

$$\frac{\alpha K}{r_1U_1^{\alpha}}=\frac{\alpha K}{r_2U_2^{\alpha}}=1 \tag{7.23}$$

即

$$\left(\frac{U_1}{U_2}\right)^{\alpha}=\frac{r_2}{r_1} \tag{7.24}$$

$$\alpha=\frac{\lg r_2-\lg r_1}{\lg U_1-\lg U_2} \tag{7.25}$$

$$K=\frac{r_1U_1^{\alpha}}{\alpha}=\frac{r_2U_2^{\alpha}}{\alpha} \tag{7.26}$$

在很多的中纬度国家和地区多采用这种双标准纬线正形圆锥投影(兰勃特割圆锥投影)来编制中、小比例尺地图。我国新中国成立前曾采用该投影作为全国统一投影。

兰勃特投影中，在标准纬线 B_0 处长度比为1，没有变形；当离开标准纬线 B_0，无论是向南还是向北，长度比迅速增大，长度变形也迅速增大。因此，为限制长度变形，必须限制南北投影区域的宽度，为此，兰勃特投影需要按照纬度分带投影。兰勃特投影适合在南北狭窄、东西延伸的国家和地区使用。

参考文献

边少锋，柴洪洲，金际航. 2005. 大地坐标系与大地基准. 北京：国防工业出版社

不列颠百科全书公司. 2004. 不列颠百科全书-国际中文版. 北京：中国大百科全书出版社

查特菲尔德，艾佛里尔 B. 2002. 高精度惯性导航基础. 武凤德，李凤山等译. 北京：国防工业出版社

测量平差学科组. 2003. 误差理论与测量平差基础. 武汉：武汉大学出版社

邓志红，付梦印，张继伟，等. 2012. 惯性器件与惯性导航系统. 北京：科学出版社

丁鉴海，卢振业，余素荣. 2011. 地震地磁学概论. 合肥：中国科学技术大学出版社

房建成，宁晓琳. 2006. 天文导航原理及其应用. 北京：北京航空航天大学出版社

高社生，何鹏举，杨波，等. 2012. 组合导航原理及应用. 西安：西北工业大学出版社

高钟毓. 2012. 惯性导航系统技术. 北京：清华大学出版社

管泽霖，宁津生. 1981. 地球形状及外部重力场. 北京：测绘出版社

海斯卡涅 W A，莫里斯 H. 1979. 物理大地测量学. 卢福康，胡国理译. 北京：测绘出版社

胡毓钜，龚剑文，黄伟. 1981. 地图投影. 北京：测绘出版社

黄智刚. 2007. 无线电导航原理与系统. 北京：北京航空航天大学出版社

焦健，曾琪明. 2005. 地图学. 北京：北京大学出版社

孔祥元，郭际明，刘宗泉. 2005. 大地测量学基础. 武汉：武汉大学出版社

刘基余. 2003. GPS 卫星导航定位原理与方法. 北京：科学出版社

刘林. 2000. 航天器轨道理论. 北京：国防工业出版社

刘延柱，朱本华，杨海兴. 2009. 理论力学. 3 版. 北京：高等教育出版社

刘智平，毕开波. 2013. 惯性导航与组合导航基础. 北京：国防工业出版社

吕志平，张建军，乔书波. 2005. 大地测量学基础. 北京：解放军出版社

孟令顺，杜晓娟. 2008. 勘探重力学与地磁学. 北京：地质出版社

宁津生，刘经南，陈俊勇，等. 2006. 现代大地测量理论与技术. 武汉：武汉大学出版社

秦永元，张洪钺，汪叔华. 2012. 卡尔曼滤波与组合导航原理. 西安：西北工业大学出版社

苏中，李擎，李旷振，等. 2010. 惯性技术. 北京：国防工业出版社

陶本藻，邱卫宁. 2012. 误差理论与测量平差. 武汉：武汉大学出版社

王洪兰. 1995. 陀螺理论及在工程测量中的应用. 北京：国防工业出版社

王威，于志坚，郗晓宁. 2007. 航天器轨道确定——模型与算法. 北京：国防工业出版社

郗晓宁，王威，高玉东. 2003. 近地航天器轨道基础. 长沙：国防科技大学出版社

徐文耀. 2009. 地球电磁现象物理学. 合肥：中国科学技术大学出版社

许其凤. 2001. 空间大地测量学：卫星导航与精密定位. 北京：解放军出版社

杨晓东，王炜. 2009. 地磁导航原理. 北京：国防工业出版社

袁书明，杨晓东，程建华. 2013. 导航系统应用数学分析方法. 北京：国防工业出版社

中国惯性技术学会，中国航天电子技术研究院. 2009. 惯性技术词典. 北京：中国宇航出版社

中国卫星导航系统管理办公室. 2012. 北斗卫星导航系统空间信号接口控制文件，BDS-SIS-ICD-B1I-1.0. 北京：中国卫星导航系统管理办公室

Farrell J A. 2012. 高速传感器辅助导航. 陈军，安新源，纪学军等译. 北京：电子工业出版社

Finlay C C, Maus S, Beggan C D. 2010. International geomagnetic reference field: the eleventh generation. Geophys. J. Int., 183(3): 1216-1230

GPS Navstar Joint Program Office. 2004. Navstar GPS Space Segment/Navigation User Interfaces, IS-GPS-200, Revision D. GPS Navstar Joint Program Office, EI Segundo, CA, 7 December 2004

Groves P D. 2011. GNSS与惯性及多传感器组合导航系统原理. 李涛，练军想，曹聚亮等译. 北京：国防工业出版社

http//www. ngdc. noaa. gov/

Kaplan E D, Hegarty C J. 2007. GPS原理与应用. 2版. 寇艳红译. 北京：电子工业出版社

Maus S , Mclean S, Hamilton B, et al. 2009. The US/UK World Magnetic Model for 2010-2015, NOAA Technical Report NESDIS/NGDC

Misra P, Enge P. 2008. 全球定位系统——信号、测量与性能. 2版. 罗鸣，曹冲，肖雄兵等译. 北京：电子工业出版社

Samama N. 2008. Global positioning: technologies and performance. New Jersey: John Wiley & Sons

Seeber G. 2003. Satellite Geodesy. Berlin: Walter de Gruyter

The Institute of Electrical and Electronics Engineers. 1983. IEEE Std172-1983(IEEE Standard Definition of Navigation Aid Terms). New York: The Institute of Electrical and Electronics Engineers, Inc.

Titterton D H, Weston J L. 1997. Strapdown inertial navigation technology. London: Peter Peregrinus Ltd.